Photoshop 图形图像处理项目实训教程

主　编　刘道献　寇克勇

副主编　李振洲　姬建胜　刘　硕

合肥工业大学出版社

内容提要

本书依据职业岗位需求对"图形图像处理"课程的教学要求,以目前常用的图形图像处理软件 Photoshop 为蓝本,采用项目教学模式编写而成,通过丰富的情景设定引出项目,再通过每个项目的若干任务来完整地教授 Photoshop 图形图像设计和处理技术。

本书共 10 个单元,主要包括平面设计基础、选区的应用、图层与蒙版、绘画与填充、修饰和润色、滤镜的应用、色彩与色调、路径与形状、文字的应用、通道与 3D 图像等。

本书可作为全国职院校数字媒体技术专业、动漫制作艺术专业、视觉艺术专业的专业基础课教学用书,也可作为平面设计爱好者的自学参考书。

图书在版编目(CIP)数据

Photoshop 图形图像处理项目实训教程/刘道献,寇克勇主编 .—合肥:合肥工业大学出版社,2022.8 (2024.8 重印)

ISBN 978 - 7 - 5650 - 5864 - 6

Ⅰ.①P… Ⅱ.①刘…②寇… Ⅲ.①图像处理软件—教材 Ⅳ.①TP391.413

中国版本图书馆 CIP 数据核字(2022)第 154063 号

Photoshop 图形图像处理项目实训教程

刘道献　寇克勇　主编　　　　　责任编辑　孙南洋

出　版	合肥工业大学出版社	版　次	2022 年 8 月第 1 版
地　址	合肥市屯溪路 193 号	印　次	2024 年 8 月第 2 次印刷
邮　编	230009	开　本	889 毫米×1194 毫米　1/16
电　话	人文社科出版中心:0551－62903200	印　张	16
	营销与储运管理中心:0551－62903198	字　数	484 千字
网　址	press. hfut. edu. cn	印　刷	安徽联众印刷有限公司
E-mail	hfutpress@163.com	发　行	全国新华书店

ISBN 978 - 7 - 5650 - 5864 - 6　　　　　　　　　　定价:46.00 元

如果有影响阅读的印装质量问题,请与出版社营销与储运管理中心联系调换。

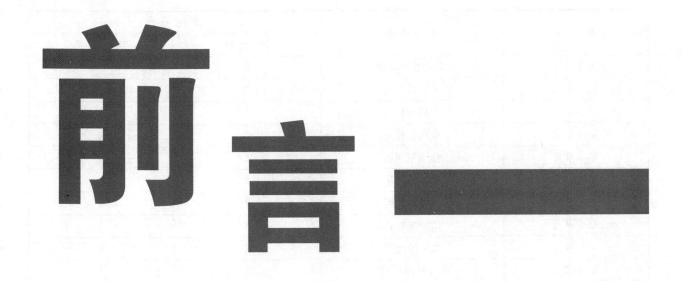

为贯彻全国职业教育工作会议精神，推进现代职教体系建设，加大技术技能型人才的培养，充分体现"以服务为宗旨，以就业为导向，以能力为本位"的职业教育办学特点，本书依据职业岗位需求对《图形图像处理》课程的教学要求，以目前常用的图形图像处理软件 Photoshop 为蓝本，采用项目教学模式编写而成的。本书通过丰富的情景设定引出项目，通过每个项目的若干任务来完整地介绍 Photoshop 图形图像设计和处理技术。

本书的编写特点是通过每个单元的若干项目的完成过程引出与之相关的知识点，每个项目目标的实现是在操作过程中完成的。每个项目由项目描述、项目分析、项目目标、若干任务的操作步骤、项目小结组成，在任务的操作过程中以知识百科的形式穿插了操作中用到的与项目目标有关的知识点。本书的编写以"必须、够用"为原则，力求降低理论难度，加大技能操作强度，形成练中学，学中总结、提升，直至帮助学生灵活掌握软件的使用。"贴心提示""项目小结"等特色模块有助于学生巩固加深所学内容。"项目小结"采用启发式的语言帮助学生巩固学习效果。另外，每一单元最后提供了"知识拓展""单元小结"和"实训练习"等模块，用于帮助学生巩固所学知识，加强动手能力。

本书共 10 个单元，第 1 单元介绍了图像的种类和特点、位图的相关概念和色彩属性、颜色模式、图像文件的格式等以及 Photoshop 的操作界面及文件的基本操作；第 2 单元介绍了选区工具的特点和使用方法，以及选区的操作和图像的操作方法；第 3 单元介绍了图层的基本操作和利用蒙版制作选区的方法；第 4 单元介绍了画笔工具、渐变工具和油漆桶工具的用法；第 5 单元介绍了图像的修饰和技巧；第 6 单元介绍了滤镜的应用；第 7 单元介绍了图像的色彩和色调的调整方法；第 8 单元介绍了路径工具及形状工具的应用；第 9 单元介绍了文字工具的用法和文字属性的设置方法；第 10 单元介绍了利用通道进行精确抠图及调整色彩的方法以及 3D 图像的设计制作方法。

本课程的教学时数为 64 学时，各单元的参考教学课时见以下的课时分配表。另外开设本课程之前建议最好先期已经进行了平面设计基础课程的教学。

单 元	教学内容	课时分配	
		讲 授	实践训练
第1单元	平面设计基础	2	0
第2单元	选区的应用	2	4
第3单元	图层与蒙版	2	4
第4单元	绘画与填充	2	4
第5单元	修饰与润色	2	4
第6单元	滤镜的应用	2	4
第7单元	色彩与色调	2	4
第8单元	路径与形状	2	4
第9单元	文字的应用	2	4
第10单元	通道和3D图像	2	4
机动		8	
课时总计		20	44

本书由刘道献、寇克勇主编，李振洲、姬建胜、刘硕副主编。由于作者水平有限，书中难免存在错误和不妥之处，敬请广大读者批评指正。

编　者

2022 年 5 月

第1单元　平面设计基础

第2单元　选区的应用

第 6 单元　滤镜的应用

第 7 单元　色彩与色调

第 8 单元　路径与形状

第9单元　文字的应用

第10单元　通道和3D图像

第1单元
平面设计基础

　　学习本单元后，学生应了解有关图像的种类、特点，位图的相关概念及 Photoshop 的功能；熟悉 Photoshop 的工作窗口；掌握 Photoshop 的启动和退出、图像的颜色模式和色彩属性以及图像文件的格式和基本操作，为今后使用 Photoshop 进行图形图像处理打下基础。

　　本单元包括以下 2 个项目。

　　项目 1　认识 Photoshop 中的图像

　　项目 2　认识两种不同类型的图像

项目 1　认识 Photoshop 中的图像

项目描述

在 Photoshop 中打开一幅图像，将图像放大到若干倍后，观察图像的变化我们会发现原来的图像变得模糊不清，同时会看到一个个带颜色的小方块，如图 1-1 所示。

图 1-1　像素组成的图像

项目分析

该项目首先打开一幅图像，将图像放大若干倍后进行观察。本项目可分解为以下任务。

● 打开一幅图像文件。

● 将图像放大若干倍并观察变化。

项目目标

● 掌握打开文件的方法。
● 了解位图的组成和特点。

任务 1　打开一幅图像文件

操作步骤

（1）执行"开始"→"所有程序"→"Adobe"→"Adobe Photoshop CS5"命令，启动 Photoshop。

（2）执行"文件"→"打开"命令，在弹出的"打开"对话框中打开素材图片"手模.jpg"，如图 1-2 所示。

图 1-2　打开的素材图像

知识百科

打开文件的方法：

（1）执行"文件"→"打开"命令，可弹出"打开"对话框，在"打开"对话框中，选择需要打开的文件，然后单击 打开(O) 按钮，即可打开文件。该命令可以直接打开 PSD、JPG、BMP、TIF 等格式的文件。

（2）通过快捷键"Ctrl＋O"打开文件。

（3）双击文档编辑窗口也可打开图像文件。

任务 2　放大图片若干倍并观察变化

操作步骤

（1）按"Ctrl＋＋"快捷键 3 次，将图片放大 3 倍，如图 1－3 所示。

【贴心提示】　图片放大的范围最大不超过 3200％。

（2）同样再按"Ctrl＋＋"快捷键 3 次，将图片放大 6 倍，如图 1－4 所示。

（3）再按"Ctrl＋＋"快捷键 3 次，将图片放大 12 倍，如图 1－5 所示。

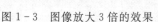

图 1－3　图像放大 3 倍的效果

图 1－4　图像放大 6 倍的效果

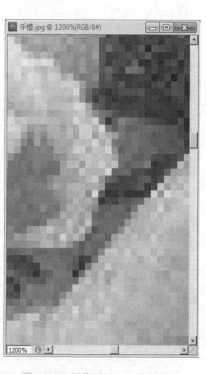

图 1－5　图像放大 12 倍的效果

（4）按照同样方法，将图片放大 32 倍，如图 1－1 所示。从图中可知，当将图像放大到一定程度后，由于像素块过大，图像会失真。

 ## 知识百科

一、Photoshop 的启动和退出

1. 启动 Photoshop

当 Photoshop 安装完成后，就会在 Windows 的"开始"→"所有程序"子菜单中建立"Adobe Photoshop"菜单项。

（1）单击"开始"→"所有程序"→"Adobe"→"Adobe Photoshop"命令，如图 1－6 所示。

（2）通过常用软件区启动。常用软件区位于"开始"菜单的左侧列表，该区域中将自动保存用户经常使用过的软件。如果想启动 Photoshop CS5，只需单击该软件图标即可，如图 1-7 所示。

图 1-6　开始菜单　　　　　　　　　　　图 1-7　常用软件区

（3）双击桌面上或任务栏中的 Photoshop CS5 快捷图标，如图 1-8 所示，即可启动 Photoshop 应用程序。

（4）在计算机上双击任意一个 Photoshop 文件图标，在打开该文件的同时即可启动 Photoshop，如图 1-9 所示。

图 1-8　桌面快捷方式　　　　　　　　　　图 1-9　Photoshop 文件图标

2. 退出 Photoshop

退出 Photoshop 有以下 5 种方法。

（1）单击 Photoshop 窗口的"关闭"按钮 ✕ 。

（2）双击程序栏左侧的"控制窗口"图标 Ps 。

（3）单击程序栏左侧的"控制窗口"图标 Ps ，在弹出的菜单中执行"关闭"命令。

（4）在 Photoshop 窗口中，执行"文件"→"退出"命令。

（5）按下快捷键"Ctrl＋Q"或者组合键"Alt＋F4"。

二、Photoshop 的工作窗口

启动 Photoshop 以后，打开如图 1-10 所示的窗口，可以看到 Photoshop CS5 的窗口主要包括"程序栏""菜单栏""工具选项栏""工具箱""文档编辑窗口""调板"和"状态栏"等。

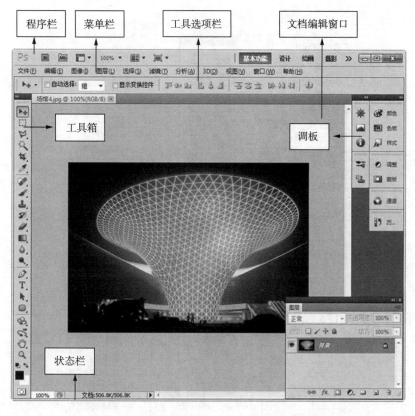

图 1-10 Photoshop 工作窗口

1. 程序栏

程序栏位于窗口的顶端。左侧显示启动的 Photoshop CS5 的图标 Ps 和快速访问工具按钮。右侧显示快速访问命令，程序窗口控制按钮，从左到右依次为"最小化"按钮 ▭ 、"最大化"按钮 ▢ 和"关闭"按钮 ✕ ，它们是 Windows 窗口共有的。

2. 菜单栏

和其他应用软件一样，Photoshop 也包括一个提供主要功能的菜单栏。要想打开某项菜单，既可以使用鼠标单击该菜单项，也可以同时按下 Shift 键和菜单名中带括号的字母键。Photoshop 的菜单栏如图1-11所示。

文件(F) 编辑(E) 图像(I) 图层(L) 选择(S) 滤镜(T) 分析(A) 3D(D) 视图(V) 窗口(W) 帮助(H)

图 1-11 Photoshop 的菜单栏

【贴心提示】 每项菜单右边的英文，是该项命令的快捷键，使用快捷键同样可以执行每项菜单命令。

3. 工具选项栏

当选择了工具箱中的某个工具后，工具选项栏将会发生相应的变化，用户可以从中设置该工具相应的参数。通过恰当的参数设置，不仅可以有效增加每个工具在使用中的灵活性，提高工作效率，而且使工具的应用效果更加丰富、细腻。

4. 工具箱

Photoshop 的工具箱提供了丰富多样、功能强大的工具，将鼠标光标移动到工具箱内的工具按钮上，即可显示出该按钮的名称和快捷键，如图 1-12 所示。

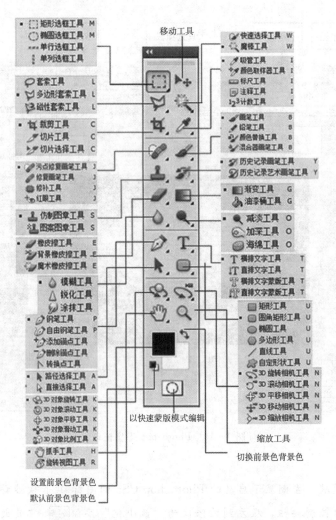

图 1-12 Photoshop 的工具箱

在工具箱中直接显示的工具为默认工具，如果在工具按钮的右下方有一个黑色的小三角，表示该工具下有隐藏的工具。使用默认工具，直接单击该工具按钮即可；使用隐藏工具，将鼠标光标先指向该组默认按钮，单击鼠标右键可弹出所有隐藏的工具，在隐藏的工具中单击所需要的工具即可。

【贴心提示】 按下 Shift 键同时按下该组工具右侧的字母快捷键，可以在该组工具中切换。

Photoshop CS5 的工具箱可以非常灵活地进行伸缩，这使工作窗口更加快捷。用户可以根据操作的需要将工具箱变为单栏或双栏显示。单击位于工具箱最上面伸缩栏左侧的双三角形可以对工具箱单、双栏显示进行控制。

5. 文档编辑窗口

文档编辑窗口位于工作窗口的中心区域，即窗口中灰色的区域，用于显示图像并对图像进行编辑操作的地方。左上角为文档编辑窗口的标题栏，其中显示图像的名称、文件格式、位置、显示比例、图层名称、颜色模式及关闭窗口按钮，如图 1-13 所示。当窗口区域中不能完整地显示图像时，窗口的下边和右边将会出现滚动条，可以通过移动滚动条来调整当前窗口中显示图像的区域。

图 1-13　文档编辑窗口

当新建文档时，文档编辑窗口又称为画布。画布相当于绘画用的纸或布，也就是软件操作的文件。灰色区域不能进行绘画，只有在画布上才能进行各种操作。文件可以溢出画布，但必须移动到画布中才能显示和打印出来。

6. 状态栏

当打开一个图像文件后，每个文档编辑窗口的底部为该文件的状态栏，状态栏的左侧是图像的显示比例；中间部分显示的是图像文件信息，单击"小三角"按钮▶，可弹出"显示"菜单，用于选择要显示的该图像文件的信息，如图 1-14 所示。

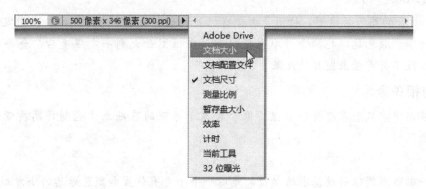

图 1-14　Photoshop 的状态栏

7. 调板

调板是 Photoshop 处理图像时的一项重要功能，默认的控制调板位于窗口的右边。在使用时可以根据需要随意进行拆分、组合、移动、展开和折叠等操作。

（1）打开和关闭调板：执行"窗口"菜单下的相应子命令，可以打开所需要的调板。菜单中某个调板前打勾，表明该调板已打开，再次执行"窗口"菜单下的相应子命令，可以关闭该调板。

（2）移动调板：鼠标光标指向调板的标题栏，拖曳鼠标即可移动调板。

（3）拆分和组合调板：鼠标光标指向一组调板中某一调板名称拖曳鼠标，即可将该调板从组中拆分出来；反之即可组合。

（4）展开和折叠调板：双击调板名称或单击调板标题栏上的折叠为图标按钮 ◀◀ 或展开面板按钮 ▶▶ ，即可折叠或展开调板，如图 1-15 所示。

图 1-15　展开面板和折叠为图标

【贴心提示】　按下 Tab 键，可以显示或隐藏调板、工具箱和工具选项栏。按下"Shift+Tab"键，可以在保留工具箱和工具选项栏的情况下，显示或隐藏调板。

三、放大图片的方法

方法 1　按"Ctrl＋＋"键，每按一次放大 1 倍，图片将在原有大小基础上增大 100%（而按"Ctrl＋－"键则缩小 1 倍）。

方法 2　单击工具箱中的"缩放"工具 🔍，在放大模式下，单击一次放大 100%。

方法 3　在文档编辑窗口状态栏的显示比例栏内，输入放大的百分比，譬如 800，单击回车键即可。如图 1-16 所示。

图 1-16　状态栏

方法 4　执行"视图"→"放大"命令，也可以放大图片。

方法 5　执行"窗口"→"导航器"命令，可打开"导航器"调板，拖曳"导航器"调板下方的滑块，可以放大图片。

方法 6　单击程序栏的"显示比例"按钮 100% ▼，在弹出的列表中进行选择。

四、位图的组成和特点

Photoshop 中打开的图像为位图，位图是由含有位置和颜色的像素块组成的。在固定的区域内，像素块越多，图像越清晰，颜色越鲜艳，分辨率也就越高。当位图放大到一定程度后，会导致像素块过大从而使得图片失真，故不再有原来图片的效果。

五、位图的相关概念

在实际生活应用中，只有在理解和掌握图像资料显示原理的基础上才能制作高质量的图像，下面介绍相关的几个概念。

1. 像素

像素是组成一副位图图像的最基本的单位，是以一个个含有位置和颜色信息的小方形颜色块组成的。

2. 图像分辨率

图像分辨率是指打印图像时，在每个单位上打印的像素数，通常用单位长度内一条线由多少个点去描述，即像素/英寸（ppi）来表示。像素数点越多，分辨率越高。

分辨率决定图像文件的大小，分辨率提高 1 倍，图像文件将增大 4 倍，存储空间越大，计算机处理起来就越慢。

3. 显示器分辨率

在显示器中每单位长度显示的像素数，通常用"点/英寸"（dpi）来表示。显示器的分辨率依赖于显示器尺寸与像素设置，个人电脑显示器的典型分辨率是 96dpi。当图像以 1：1 比例显示时，每个点代表 1 像素。当图像放大或缩小时系统将以多个点代表 1 个像素。

4. 打印机分辨率

与显示器分辨率类似，打印机分辨率也以"点/英寸"来衡量。如果打印机的分辨率为 300～600 dpi 时，则图像的分辨率最好为 72～150ppi；如果打印机的分辨率为 1200dpi 或更高，则图像分辨率最好为 200～300 ppi。

一般情况下，如果希望图像仅用于显示，可将其分辨率设置为 72 ppi 或 96 ppi（与显示器分辨率相同）；如果希望图像用于印刷输出，则应将其分辨率设置为 300 ppi。

项目小结

通过放大图像可以知道，Photoshop 中处理的图像是位图，任何位图都是由像素组成的。当位图放大到一定程度后，会导致像素块过大从而使得图片失真，故不再有原来图片的效果。图像分辨率越高，其图片颜色效果越好，像素块也越多。利用本项目的方法将图片放大处理后，可以对图片实现更精确的操作处理。

项目2   认识两种不同类型的图像

项目描述

打开两张"向日葵"图像，它们看起来似乎一样，却是不同的类型，一张是位图，另一张是矢量图。现在观察一下这两种类型的图片有什么不同。

项目分析

该项目首先打开两幅内容相同但类型不同的图像，然后将它们同时放大 8 倍，观察图像的变化情况。本项目可分解为以下任务。

- 打开两幅不同类型的图像。
- 同时将图像放大 8 倍并观察变化。

项目目标

- 了解 Photoshop 中的图像类型。
- 掌握位图和矢量图的不同之处。

任务 1   打开两幅不同类型的图像

 操作步骤

执行"文件"→"打开"命令，分别打开素材图片"位图图像"和"矢量图像"，如图 1-17 所示。

图 1-17　位图图像（左）与矢量图像（右）

任务 2　同时将图像放大 8 倍并观察变化

操作步骤

（1）分别在两幅图片的状态栏的显示比例栏内，输入放大的百分比 800%，单击回车键即可。放大后的效果如图 1-18 和图 1-19 所示。

图 1-18　放大 800% 的位图图像

图 1-19　放大 800% 的矢量图像

（2）观察两幅图片的效果，位图图像经过放大后，边缘出现锯齿，色彩模糊，图像失真；而矢量图像经过放大后并没有影响其清晰度。

 ### 知识百科

一、图像的种类

计算机处理的图像可以分为两类，分别是矢量图与位图，不同的计算机软件处理的图像不同。

1. 矢量图

严格地讲，矢量图应归为图形，它记录的是所绘对象的几何形状、线条粗细和色彩等，因此，它的文件所占的存储容量很小，如卡通绘画等。

矢量图的优点是不受分辨率的限制，可以任意放大或缩小，图形的清晰度和光滑度不受影响；其缺点是不易制作色彩丰富的图像，而且绘制出来的图像也不是很逼真，同时不易在不同的软件间进行交换。

2. 位图

位图是指以点阵形式保存的图像，即由许多像素点组成的图像。该类文件尺寸大，所占的存储容量也就很大，如数码照片。

位图的优点是其弥补了矢量图形的缺陷，可以逼真地表现自然界的景物。由于系统在保存位图时保存的是图像中各点的色彩信息，因此，位图主要用于保存各种照片图像；其缺点是图像受分辨率的限制，当放大到一定程度后，图像将变得模糊，由于占用容量大，在网上传播时需要进行一定的处理才能提高传播的速度。

Photoshop 软件的主要优点在于该软件具有强大的位图图像处理功能。当然，通过路径的绘制也可以绘制出矢量图像。

二、新建文件

执行"文件"→"新建"命令，可打开"新建"对话框，在"新建"对话框中，可以输入新建文件的名称，设置文件的大小、分辨率、颜色模式、新建文件的背景色，然后单击"确定"按钮，即可新建文件。

三、复制图像

复制图像与移动图像的操作方法基本一致，只是在用鼠标拖曳选中的图像时，同时按下"Alt"键，鼠标指针会变为重叠的黑白双箭头状。另外，执行"编辑"→"拷贝"命令和"编辑"→"粘贴"命令，也可复制选中的图像。

四、删除图像

执行"编辑"→"清除"菜单命令或执行"编辑"→"剪切"菜单命令，均可删除选中图像。也可以按 Delete 键或 Backspace 键，删除图像，如图 1-20 所示。

五、图像的移动

图像的移动是通过"移动工具" 进行的，用户可以在同一幅图像中或不同图像之间移动选区内的对象。"移动工具" 可以移动整个图层内（背景层除外）或选区中的图像。在使用其他工具时，按住 Ctrl 键可以临时切换到移动工具。

图 1-20　编辑部分菜单

移动工具的选项栏如图 1-21 所示。

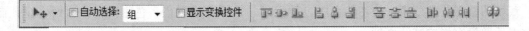

图 1-21　"移动工具"选项栏

各选项作用如下：

"自动选择"复选框可以在单击某个物体时自动选中它所在的图层。

"显示变换控件"复选框可以在移动时显示八个固定点，从而对物体进行各种各样的变形，产生相应的变形效果。

六、保存文件

要保存图像，可执行"文件"→"存储"命令或按下"Ctrl＋S"快捷键。如果该图像文件是第一次保存，系统将打开"存储为"对话框，用户可以在此设置文件名称、文件格式、创建新的文件夹、切换文件夹和决定以何种方式列表文件。单击"保存"按钮，即可保存文件。

【贴心提示】　在编辑图像时，如果不希望对源图像文件进行更改，则可以执行"文件"→"存储为"命令，将编辑后的图像文件以其他名称保存。

七、关闭文件

单击打开的图像文件标题栏上的"关闭"按钮　，即可关闭文件。

项目小结

对于位图来说，图像放大后效果会发生很大的变化；但对于矢量图来说，即使放再大，它的边缘也是光滑的，不会因为图片的放大而有所变化。

 **知识拓展**

一、色彩属性

色彩即颜色，可以分为非彩色和彩色两大类。非彩色指黑色、白色和各种深浅不一的灰色，而其他所有颜色均属于彩色。

从心理学和视觉的角度出发，彩色具有三个属性：色相、明度、纯度。

1. 色相

色相也叫色调，指颜色的种类和名称，是指颜色的基本特征，是一种颜色区别于其他颜色的因素。色相和色彩的强弱及明暗没有关系，只是纯粹表示色彩相貌的差异，如红、黄、绿、蓝、紫等为不同的基本色相。

2. 明度

明度也叫亮度，指颜色的深浅、明暗程度，没有色相和饱和度的区别。不同的颜色，反射的光量强弱不一，因而会产生不同程度的明暗。非色彩的黑、灰、白较能形象地表达这一特质。

3. 纯度

纯度也叫饱和度，指色彩的鲜艳程度。原色最纯，颜色的混合越多则纯度逐渐减低。如在某一鲜亮的颜色加入了白色或者黑色，会使其纯度降低，颜色趋于柔和、沉稳。

二、色彩深度

色彩深度是指图像中所包含颜色的数量。常见的色彩深度有 1 位、8 位、16 位、24 位和 32 位，其中 1 位的图像中只包含黑色和白色两种颜色。8 位图像的色彩中共包含 2 的 8 次方，即 256 种颜色或 256 级灰阶。随着图像色彩位数的增加，每个像素的颜色范围也在增加。

三、颜色模式

颜色模式决定了用于显示和打印图像的颜色类型，它决定了如何描述和重现图像的色彩。常见的压缩类型包括 HSB（色相、纯度、明度），RGB（红、绿、蓝），CMYK（青、洋红、黄、黑）和 Lab 等。

1. RGB 颜色模式

我们每天面对的显示器便是根据这种特性，由 RGB 组成颜色，R 表示红色（Red），G 表示（Green），B 表示（Blue）。利用这种基本颜色进行颜色混合，可以配制出绝大部分肉眼能看到的颜色。

显示器是通过发射三种不同强度的光束，使屏幕内侧上覆盖的红、绿、蓝磷光材料发光，从而产生颜色。这种由电子束激发的点状色彩被称作"像素（Pixel）"。屏幕的像素能显示 256 灰阶色调，我们在 Photoshop 中就是通过调整各颜色的 0～255 的值产生不同的颜色。

2. CMYK 颜色模式

接触过印刷的人都知道，印刷制版的颜色是青（Cyan）、洋红（Magenta）、黄（Yellow）和黑（Black）。这就是 CMYK 颜色模式。

C、M、Y、K 的数值范围是 0～100，当 C、M、Y、K 的数值都为 0 时，混合后的颜色为纯白色，当 C、M、Y、K 都为 100 时，混合后的颜色为纯黑色。这种颜色模式的基础不是增加光线，而是减去光线，所以青、洋红和黄称为"减色法三原色"。

显示器是发射光线，而印刷的纸张自然无法发射光线，它只吸收和反射光线，使用红、绿、蓝的补色来产生颜色，这样反射的光就是我们需要的颜色。

在处理图像时，一般不采用 CMYK 模式，因为这种模式的图像文件占用的存储空间较大；此外，在这种模式下 Photoshop 提供的很多滤镜都不能使用，人们只在印刷时才将图像颜色模式转换为 CMYK 模式。

3. Lab 颜色模式

Lab 是 CIE（国际照明委员会）指定的标示颜色的标准之一。它同我们似乎没有太多的关系，而是广泛应用于彩色印刷和复制层面。

L：指的是亮度；a：由绿至红；b：由蓝至黄。

CIE 色彩模式是以数学方式来表示颜色，所以不依赖于特定的设备，这样确保输出设备经校正后所代表的颜色能保持其一致性。

Lab 色彩空间涵盖了 RGB 和 CMYK。

而 Photoshop 内部从 RGB 颜色模式转换到 CMYK 颜色模式，也是经由 Lab 做中间量完成的。

其中 L 的取值范围为 0～100，a 分量代表由深绿—灰—粉红的颜色变化，b 分量代表由亮蓝—灰—焦黄的颜色变化，且 a 和 b 的取值范围均为 -120～120。

4. 索引颜色模式

索引颜色模式采用一个颜色表存放并索引图像中的颜色，这种颜色模式的像素只有 8 位，即图像只有 256 种颜色。这种颜色模式可极大地减小图像文件的存储空间，因此经常作为网页图像与多媒体图像，网上传输较快。

5. 灰度模式

图像有 256 个灰度级别，从亮度 0（黑）到 255（白）。如果要编辑处理黑白图像，或将彩色图像转换为黑白图像，可以制定图像的模式为灰度，由于灰度图像的色彩信息都从文件中去掉了，所以灰度相对彩色来讲文件大小要小得多。

四、图像文件的格式

常见的图像文件格式有 PSD 格式、BMP 格式、JPEG 格式、TIFF 格式和 EPS 格式等。

1. PSD 格式

这是 Adobe 公司的图像处理软件 Photoshop 的专用格式 Photoshop Document（PSD）。PSD 包含各种图层、通道、遮罩等多种设计的样稿，以便于下次打开文件时可以修改上一次的设计。在 Photoshop 所支持的各种图像格式中，PSD 的存取速度比其他格式快很多，功能也很强大。由于 Photoshop 越来越被广泛地应用，这种格式也会逐步成为主流格式。

2. BMP 格式

BMP 是英文 Bitmap（位图）的简写，它是 Windows 操作系统中的标准图像文件格式，能够被多种 Windows 应用程序所支持。随着 Windows 操作系统的流行与丰富的 Windows 应用程序的开发，BMP 位图格式理所当然地被广泛应用，这种格式的特点是包含的图像信息较丰富，几乎不进行压缩，由此其与生俱生来的缺点是占用磁盘空间过大。

3. JPEG 格式

JPEG 也是常见的一种图像格式，JPEG 文件的扩展名为 .jpg 或 .jpeg，其压缩技术十分先进，它用有损压缩方式去除冗余的图像和彩色数据，在取得极高的压缩率的同时能展现十分丰富生动的图像，换句话说，就是可以用最少的磁盘空间得到较好的图像质量。

同时 JPEG 还是一种很灵活的格式，具有调节图像质量的功能，允许用不同的压缩比例对这种文件压缩，比如我们最高可以把 1.37MB 的位图文件压缩至 20.3KB。

因为 JPEG 格式的文件尺寸较小，下载速度快，现在各类浏览器均支持 JPEG 这种图像格式，可使 Web 页有可能以较短的下载时间提供大量美观的图像。由于 JPEG 优异的品质和杰出的表现，它的应用也非常广泛，特别是在网络和光盘读物上。

4. TIFF 格式

TIFF（Tag Image File Format）是 Mac 中广泛使用的图像格式，它由 Aldus 和微软联合开发，最初是出于跨平台存储扫描图像的需要而设计的。该格式有压缩和非压缩 2 种形式，其中压缩可采用 LZW 无损压缩方案存储，它的特点是结构较为复杂，兼容性较差。

由于存贮信息多，图像的质量好，非常有利于原稿的复制，是微机上使用最广泛的图像文件格式之一。

5. EPS 格式

EPS（Encapsulated PostScript）是比较少见的一种格式，苹果 Mac 机的用户则用得较多。它是用 PostScript 语言描述的一种 ASCII 码文件格式，主要用于排版、打印等输出工作。

五、Photoshop CS5 的功能

Photoshop 是强大的图像处理能手，它可展现给用户无限的创造空间和无穷的艺术享受。

1. 印刷图像的处理

印刷图像的处理主要应用于产品广告、封面设计、宣传页设计、包装设计等。在日常生活中所见到的非显示类的图像中，大部分是经过 Photoshop 处理制作的。

2. 网页图像处理

网页上见到的静态图像，大部分是经过 Photoshop 处理的。在保存这些图像时，为了缩小图像文件的尺寸，可在 Photoshop 中将图像保存为网页。

3. 协助制作网页动画

网页上大部分的 GIF 动画是由 Photoshop 协助制作的。GIF 动画是网页动画的主流，因为它不需要任何播放器的支持。

4. 美术创作

Photoshop 为美术设计者和艺术家带来了方便，可以不用画笔和颜料，随心所欲地发挥自己的想象，创作自己的作品。美术设计者可以使用 Photoshop 的工具调整选项，并利用滤镜的多种特殊效果使自己的作品更具有艺术性。

5. 辅助设计

在众多的室内设计、建筑效果图等立体效果的制作过程中离不开 Maya、3ds max、AutoCAD 等大型的三维处理软件，但是在最后渲染输出时还是离不开 Photoshop 的协助处理。

6. 照片处理

Photoshop 在数码照片的处理上更是功能齐备，可以用 Photoshop 完成旧照翻新、黑白相片、色彩调整和匹配、艺术处理等工作。

7. 制作特殊效果

Photoshop 各种丰富的笔刷、图层样式、滤镜等为制作特殊效果提供了很大的方便，无论是单独使用某种工具或是综合运用各种技巧，Photoshop 都能创造出神奇精彩的效果。

8. 在动画与 CG 设计领域制作模型

随着计算机硬件技术的不断提高，计算机动画也发展迅速，利用 Maya、3ds max 等三维软件制作动画时，其中的模型贴图和人物皮肤都是通过 Photoshop 制作的。

六、图像的浏览

图像放大以后，在图像文件的窗口中只能显示部分图像，这时可以使用下面的方法浏览图像。

（1）单击工具箱中的"抓手工具" ，在图像中拖曳鼠标到要显示的图像区域即可，如图 1-22 所示。

（2）使用"抓手工具"，在"导航器"调板中拖曳鼠标到要显示的图像区域即可，如图 1-23 所示。

图 1-22 使用"抓手工具"浏览图像

图 1-23 使用"导航器"浏览图像

七、颜色设置

1. 颜色设置按钮

在工具箱中单击"设置前景色"按钮或"设置背景色"按钮,如图 1-24 所示,将弹出"拾色器"对话框,如图 1-25 所示。在"拾色器"对话框中可以选取所需的颜色来替换原来的颜色。

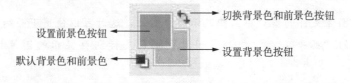

图 1-24 颜色设置按钮

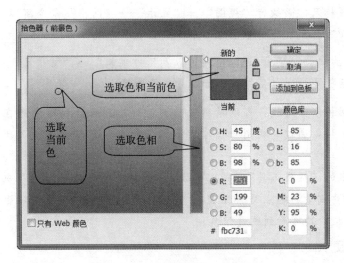

图 1-25　"拾色器"对话框

【贴心提示】 单击"默认背景色和前景色"按钮，前景色与背景色自动设置为黑白色；单击"切换背景色与前景色"按钮，前景色与背景色的颜色互换。

2. 吸管工具

选择工具箱中的"吸管工具"，在文档编辑窗口中单击选取颜色。用"吸管工具"直接在图像中单击可以替换前景色，按下"Alt"键再在图像中单击可以替换背景色。

3. 颜色调板

在"颜色"调板中单击前景色或背景色按钮，再用鼠标拖曳滑块，可以替换前景色或背景色，如图 1-26所示。

4. 色板调板

"色板"调板用于快速选取颜色。当鼠标指向"色板"调板中的色块时，会变成吸管形状，如图 1-27所示，单击即可直接选取颜色。

单击"色板"调板右上角的菜单按钮，在弹出的菜单中可以进行新建、复位、载入、存储和替换等操作。

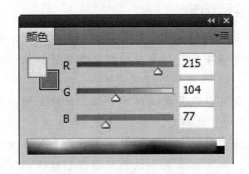

图 1-26　"颜色"调板

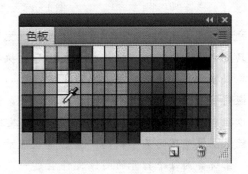

图 1-27　"色板"调板

八、辅助工具的使用

为方便用户在处理图像时能够精确定位光标的位置和进行选择，系统为用户提供了一些辅助工具，它们是标尺、参考线、网格和度量工具。

标尺、参考线和网格可以帮助用户很方便地将各种图像元素放置到指定位置。执行"视图"→"标尺"命令可以显示或隐藏标尺，而执行"视图"→"显示"→"网格"命令可以显示或隐藏网格等内容。单击标尺并用鼠标拖动即可拖出贯穿整个图像的水平或垂直参考线。

【贴心提示】 标尺的单位一般为 cm，用户可以利用"编辑"→"首选项"→"单位与标尺"命令，在打开的"首选项"对话框中设置其他单位，如英寸、像素等。

让图像显示标尺、网格和参考线，可以精确地作图。标尺、网格和参考线在打印时是不显示的，它们的主要目的就是精确定位，通过"视图"→"对齐到"命令，可以打开或关闭参考线、网格、文件边缘等的捕捉。

另外，利用工具箱中的"标尺工具" 🔲，可以很方便地测量任意两点之间的距离和角度。首先，选择"标尺工具" 🔲，在要测量的起点处按下鼠标左键，然后拖动鼠标至要测量的终点处释放，此时在"信息"调板和工具选项栏中均可看到测量信息。

九、历史记录调板

"历史记录"调板是 Photoshop 一个非常有用的工具。在对图像进行操作时，它可以帮助用户撤销前面所进行的操作并可在图像处理过程中为当前处理结果创建快照及将当前处理的结果保存起来，如图 1-28 所示。

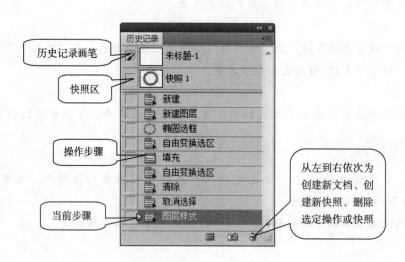

图 1-28 "历史记录"调板

当用户打开一个图像文件后，系统将自动地把图像文件的初始状态记录在快照区，快照名称为文件名。用户只要单击该快照即可撤销打开文件后所执行的全部操作；而要撤销指定步骤后所执行的系列操作，只须单击操作步骤区中的该步操作即可。

如果撤销了某些步骤，但又未执行其他操作，用户还可以恢复被撤销的步骤。此时只须单击要恢复的一系列步骤中的最后一步则其前面的所有步骤及本步骤均可被恢复。

快照就是图像处理的某个状态。当创建快照后，无论以后进行什么操作，系统均会保存该状态。缺省情况下，系统会为每个打开的图像文件创建一个快照。如果要为某个状态的图像创建快照，可以单击"历史记录"调板的"创建新快照"按钮 🔲 即可。

【贴心提示】 如果同时打开多个图像文件，则每个图像文件均有与之相对应的"历史记录"调板。"历史记录"调板中只能保存有限的操作步骤（缺省为 20），当操作步骤太多时，将导致无法撤销某些操作。此时，利用快照可以解决这类问题。保存文件时不保存快照，因此，关闭文件后快照将消失。

单元小结

本单元共完成 2 个项目，完成后应达到以下知识目标。

● 掌握打开图像的方法。

● 了解计算机中图像的类型。

● 了解位图的组成和特点。

● 了解位图与矢量图的区别。

● 了解色彩的属性及计算机中的颜色模式。

● 掌握计算机中图像文件的格式。

● 掌握新建文件的方法。

实训练习

观察由像素组成的图像，如图 1-29、图 1-30 所示。

 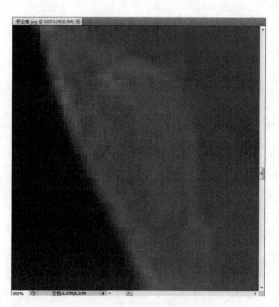

图 1-29　"郁金香"素材图片　　　　　　　　图 1-30　放大 800％的图像效果

第 2 单元
选区的应用

　　本单元主要学习选区的创建和选区的应用，以及选区的操作和图像的操作，以便可以使用选区工具绘制图形、选取图像进行图像的合成。

　　本单元包括以下 2 个项目。

　　项目 1　绘制阿迪达斯 LOGO

　　项目 2　婚纱后期合成

项目 1　绘制阿迪达斯 LOGO

项目描述

体育名品阿迪达斯的"三叶草"LOGO 深受广大青少年的喜爱，这里我们利用选区工具及便捷操作功能来绘制它吧，其效果如图 2-1 所示。

项目分析

LOGO 的绘制需要使用多种选区工具和与选区相关的操作，绘制时一定要注意各部位的大小和比例。本项目可分解为以下任务。

- 绘制单片叶。
- 获取三叶草。
- 添加横向线条。
- 输入文字信息。

图 2-1　阿迪达斯 LOGO 效果

项目目标

- 选区的创建及编辑。
- 颜色的填充。
- 选区的基本操作。

任务 1　绘制单片叶

操作步骤

（1）执行"文件"→"新建"命令，打开"新建"对话框，新建一个"名称"为三叶草，"宽度"为 800 像素，"高度"为 600 像素，"分辨率"为 200 像素/英寸，"颜色模式"为 RGB，"背景"为白色的图像文件，如图 2-2 所示。

（2）单击"确定"按钮，新建一空白文档。执行"视图"→"显示"→"网格"命令，打开网格显示，如图 2-3 所示。

（3）单击工具箱中的"矩形选框工具" □ ，在工具选项栏中单击"样式"下三角，在弹出的列表中选择"固定大小"，并设置"宽度"和"高度"均为 425px，在文档编辑窗口中创建一个固定大小的正方形选区，如图 2-4 所示。

（4）单击工具箱中的"椭圆选框工具" ○ ，在工具选项栏中单击"与选区交叉"按钮 □ ，同样设置样式为"固定大小","宽度"和"高度"均为 425px，在文档编辑窗口正方形选区的上条边中间单击鼠标，获得一个与正方形选区交叉的半圆形选区，如图 2-5 所示。

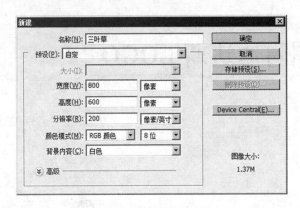

图 2-2 "新建"对话框

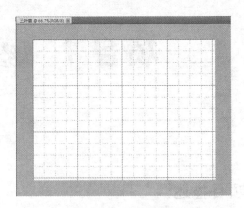

图 2-3 显示网格

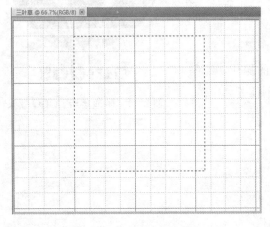

图 2-4 创建正方形选区

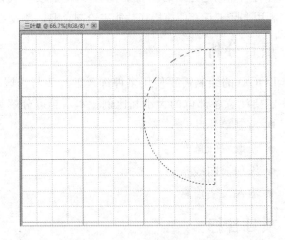

图 2-5 创建半圆选区

（5）再次使用"椭圆选框工具" ⊙在文档编辑窗口左侧第 4 行 2 列处单击鼠标，得到一个单片叶状选区，如图 2-6 所示。

（6）单击工具选项栏的"新选区"按钮 □，将光标放在叶形选区中间，光标变为 ⊩ 形状，此时拖动鼠标即可移动选区的位置，如图 2-7 所示。

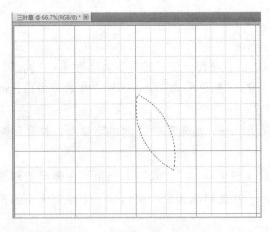

图 2-6 创建单片叶选区

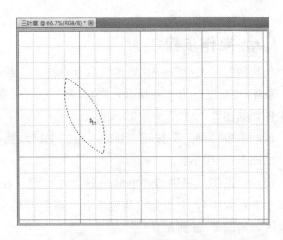

图 2-7 改变选区的位置

知识百科

一、选框工具

选框工具有 4 个，分别是"矩形选框工具""椭圆选框工具""单行选框工具"和"单列选框工具"，如图 2-8 所示。选框工具组的工具是用来创建规则选区的。

"矩形选框工具"：单击该工具，鼠标指针变为十状，拖动鼠标即可在文档编辑窗口内创建一个矩形选区，如图 2-9 所示。

"椭圆选框工具"：单击该工具，鼠标指针变为十状，拖动鼠标即可在文档编辑窗口内创建一个椭圆选区，如图 2-10 所示。

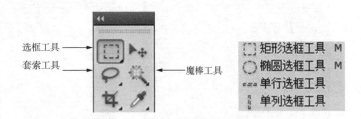

图 2-8　选区工具和选框工具组

"单行选框工具"：单击该工具，鼠标指针变为十状，拖动鼠标即可在文档编辑窗口内创建一个一行单像素选区，如图 2-11 所示。

"单列选框工具"：单击该工具，鼠标指针变为十状，拖动鼠标即可在文档编辑窗口内创建一个一列单像素选区，如图 2-11 所示。

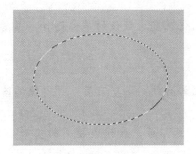
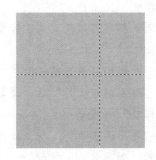

图 2-9　矩形选框工具　　　　图 2-10　椭圆选框工具　　　　图 2-11　单行选框工具和单列选框工具

【贴心提示】　按住 Shift 键，可以创建一个正方形或圆形的选区。按住 Alt 键，可以创建一个以鼠标单击点为中心的矩形或椭圆形的选区。按住"Shift＋Alt"键，可以创建一个以鼠标单击点为中心的正方形或圆形的选区。

图 2-12 所示为矩形选框工具的选项栏。

图 2-12　矩形选框工具的选项栏

1. "设置选区形式"按钮

"设置选区形式"按钮由 4 个按钮组成，分别是"新选区"按钮、"添加到选区"按钮、"从选区里减去"按钮、"与选区交叉"按钮，其作用如下。

"新选区"按钮：单击该按钮后，只能创建一个新选区。在此状态下，如果已经有了一个选区，再创建一个选区，则原来的选区将消失。

"添加到选区"按钮：单击该按钮后，如果已经有了一个选区，再创建一个选区，则新选区与原来的选区连成一个新的选区，例如，一个椭圆选区和另一个与之相互重叠一部分的椭圆选区连成一个新的选区，如图2-13所示。

"从选区里减去"按钮：单击该按钮，可在原来选区上减去与新选区重合的部分，得到一个新选区。例如，一个椭圆选区和另一个之间相互重叠一部分的椭圆选区连成一个新的选区，如图2-14所示。

"与选区交叉"按钮：单击该按钮，可以只保留新选区与原来选区重合的部分，得到一个新选区。例如，一个椭圆选区与另一个矩形选区重合部分的新选区，如图2-15所示。

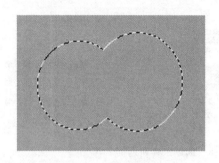
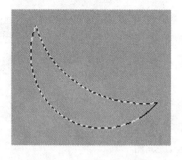
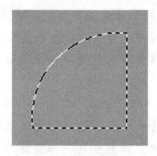

图2-13　添加到选区　　　　图2-14　从选区里减去　　　　图2-15　与选区交叉

【贴心提示】　按住Shift键，拖曳出一个新选区，也可使新创建的选区与原选区合成一个新选区。按住Alt键，拖曳出一个新选区，也可完成从选区减去的功能。按住"Shift＋Alt"键，拖曳出一个新选区，也可以产生新选区与原选区重合部分的新选区。

2."羽化"文本框

在该文本框内可以设置选区边界线的羽化程度。数值的单位是px（像素），数字是0时，表示不进行羽化。

3."消除锯齿"复选框

单击"椭圆选框工具"后，该复选框变为有效，选中它后，可以使选区边界平滑。

4."样式"列表框

单击"椭圆选框工具"或"矩形选框工具"后，该列表框变为有效。它有3个样式，如图2-16所示。

图2-16　样式列表框

选择"正常"，可以创建任意大小的选区。

选择"固定比例"："样式"列表框右边的"宽度"和"高度"文本框变为有效，可在这两个文本框内输入数值，以确定长宽比，使以后创建的选区符合该长宽比。

选择"固定大小"：此时"样式"列表框右边的"宽度"和"高度"文本框变为有效，可在这两个文本框内输入数值，以确定选区的尺寸，使以后创建的选区符合该尺寸。

二、移动、取消和隐藏选区

1.移动选区

将鼠标指针移到选区内部，此时鼠标指针变为▶状，拖曳鼠标，即可移动选区。如果按住Shift键，同时再拖曳鼠标，可以使选区在水平、垂直或45°角整数倍斜线方向移动。

2.取消选区

执行"选择"→"取消选择"命令或按"Ctrl＋D"组合键，可以取消选区。另外，在"与选区交叉"或"新选区"状态下，单击文档编辑窗口内选区外任意处，也可取消选区。

恢复取消的选区：如果要重新恢复取消的选区，可执行"选择"→"重新选择"命令或按"Ctrl＋Shift＋D"组合键。

3. 隐藏选区

执行"视图"→"显示"→"选区边缘"命令，使它左边的对勾取消，即可使选区边界的流动线消失，隐藏了选区，虽然选区隐藏了，但对选区的操作仍可进行，如果要使隐藏的选区再显示出来，可重复刚才的操作，使"选区边缘"命令左边的对勾出现。

任务 2　获取三叶草

操作步骤

（1）执行"选择"→"存储选区"命令，打开"存储选区"对话框，在"名称"栏输入"叶 1"，如图 2-17 所示。

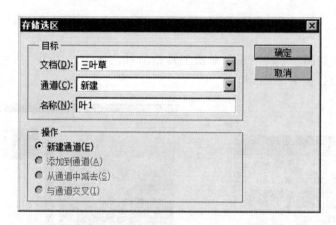

图 2-17　"存储选区"对话框

（2）单击"确定"按钮，保存当前选区。执行"选择"→"变换选区"命令，调出变换框，对选区进行旋转变换，并移到适当位置，如图 2-18 所示。

（3）单击 Enter 键确认变换，执行"选择"→"存储选区"命令，打开"存储选区"对话框，在"名称"栏输入"叶 2"，单击"确定"按钮，保存变换的选区。

（4）执行"选择"→"变换选区"命令，调出变换框，对选区进行旋转变换，并移到适当位置，如图 2-19 所示。

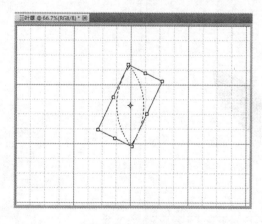

图 2-18　变换选区

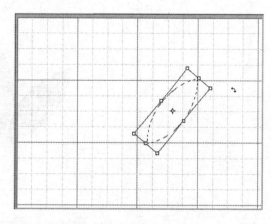

图 2-19　变换选区并移位

（5）单击 Enter 键确认变换，执行"选择"→"载入选区"命令，打开"载入选区"对话框，在"通道"列表中选择"叶1"，并点选"添加到选区"单选框，如图 2-20 所示。

（6）使用同样方法载入"叶2"选区，得到如图 2-21 所示选区。

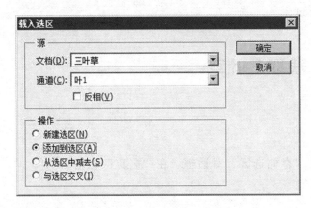

图 2-20 "载入选区"对话框

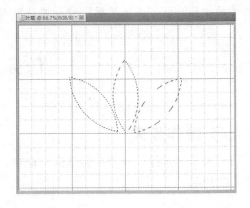

图 2-21 载入叶1和叶2选区

（7）新建"图层 1"，如图 2-22 所示，单击工具箱前景色按钮，打开"拾色器"对话框，设置前景色为 RGB（0，60，1800），如图 2-23 所示。

图 2-22 新建图层 1

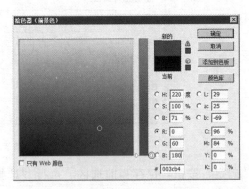

图 2-23 "拾色器（前景色）"对话框

（8）单击"确定"按钮，设置前景色，按"Alt＋Delete"组合键填充前景色，然后再按"Ctrl＋D"快捷键取消选区，效果如图 2-24 所示。

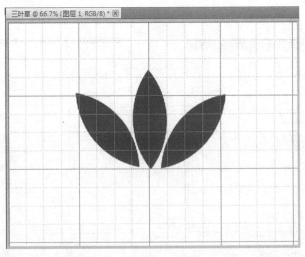

图 2-24 获取叶片效果

知识百科

一、选区的保存和载入

1. 存储选区

执行"选择"→"存储选区"命令，打开"存储选区"对话框，如图 2-25 所示。输入名称即可保存创建的选区，以备以后使用。

2. 载入选区

执行"选择"→"载入选区"命令，打开"载入选区"对话框，如图 2-26 所示。选择选区名称可以载入以前保存的选区。在该对话框的"操作"栏内点选不同的单选项，可以设置载入的选区与已有的选区之间的关系。

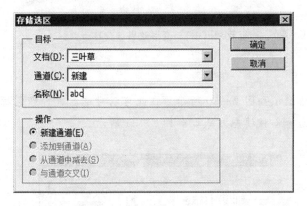

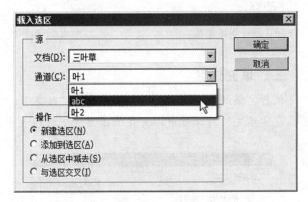

图 2-25　"存储选区"对话框　　　　　　　　　图 2-26　"载入选区"对话框

二、变换选区

变换选区的方式有两种，一种是对已有选区的缩放、拉伸和旋转操作；另一种是对选区的内容进行缩放、拉伸和旋转操作。

1. 对选区的变换

对于一个已经创建的选区，执行"选择"→"变换选区"命令，选区四周会出现一个带有调节手柄的矩形，通过拖动调节手柄，可对选区进行缩放及旋转操作，双击或按 Enter 键完成选区的变换。"变换选区"命令只改变选区范围，而不会改变选区的内容，如图 2-27 所示。

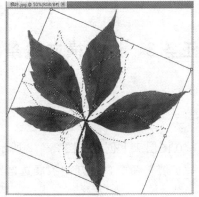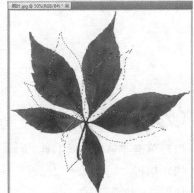

图 2-27　"变换选区"命令的结果

2. 对选区内容的变换

如果想改变选区的内容，执行"编辑"→"变换"下的各菜单命令，即可按选定的方式对选区的内容进行缩放、旋转、斜切、扭曲和透视等操作。变换菜单命令如图 2-28 所示，效果如图 2-29 所示。

图 2-28 变换菜单   图 2-29 斜切效果（左）、透视效果（中）、变形效果（右）

三、填充选区

执行"编辑"→"填充"命令，打开"填充"对话框，如图 2-30 所示。在此可以对选区进行颜色填充。在"填充"对话框中，可在"使用"下拉列表中选择各种填充方式，如图 2-31 所示。

   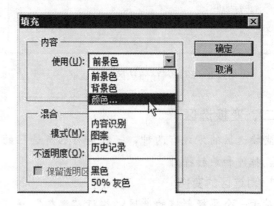

图 2-30 "填充"对话框   图 2-31 "使用"下拉列表

【贴心提示】 如果按下"Alt+Delete"组合键，可以对选区填充前景色；如果按下"Ctrl+Delete"组合键，可以对选区填充背景色。

任务 3　添加横向线条

操作步骤

（1）单击"单行选框工具" ，在图层 1 上创建如图 2-32 所示的选区。

（2）执行"选择"→"修改"→"扩展"命令，打开"扩展选区"对话框，设置"扩展量"为 10 像素，如图 2-33 所示。

（3）单击"确定"按钮，选区加宽，如图 2-34 所示。按 Delete 键清除选区内容，效果如图 2-35 所示。

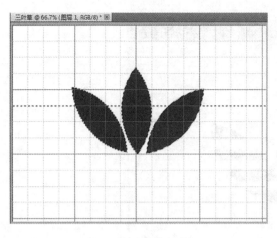

图 2-32　绘制单行选区

图 2-33　"扩展选区"对话框

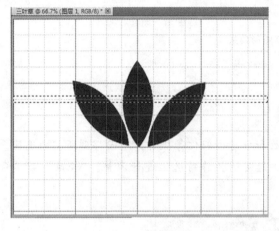

图 2-34　扩展选区

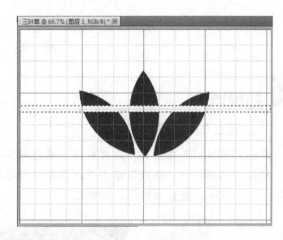

图 2-35　清除选区内容

（4）使用键盘上的方向键将选区向下移至合适的位置，按 Delete 键清除选区内容，效果如图 2-36 所示，重复上述操作，得到如图 2-37 所示效果。

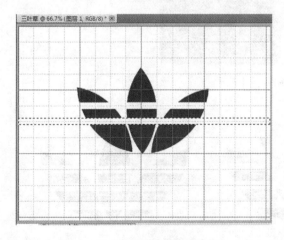

图 2-36　移动选区并清除内容

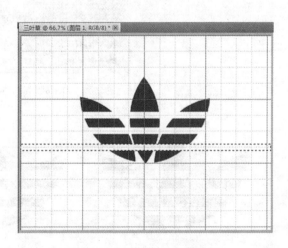

图 2-37　移动选区最后效果

（5）执行"选择"→"取消选择"命令，取消选区。执行"视图"→"显示"→"网格"命令，取消网格显示，得到三叶草，如图 2-38 所示。

图 2-38　三叶草图形效果

 知识百科

一、选区的调整

在绘制选区的时候，有时需要对选区进行精确的缩放和平滑、羽化等操作，从而得到所需的选区。

执行"选择"→"修改"命令下的各菜单命令即可按选定的操作对选区进行调整。"修改"菜单命令如图 2-39 所示，效果如图 2-40 所示。

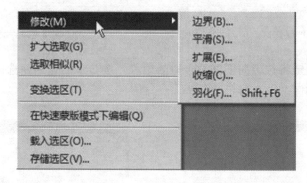

图 2-39　"修改"菜单命令

图 2-40　从左到右依次为执行边界、平滑、收缩命令效果

二、取消选区

执行"选择"→"取消选择"命令，或按 Ctrl＋D 快捷键可以取消所创建的选区。

三、清除选区内容

执行"编辑"→"清除"命令，或按 Delete 键可以清除选区里的内容，使其成为透明。

任务 4 　输入文字信息

操作步骤

（1）单击"横排文字工具" T，在工具选项栏上设置字体为"Futura Md BT"，大小为"26"，其他参数如图 2-41 所示。

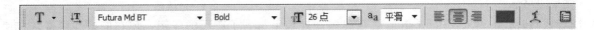

图 2-41　文字工具参数设置

（2）在文档编辑窗口空白处单击，插入输入点，输入"adidas"，单击工具选项栏右侧的"提交当前所有编辑"按钮 ，结束输入，将文字移到合适位置，效果如图 2-42 所示。

图 2-42　文字效果

（3）执行"文件"→"存储"命令，打开"存储为"对话框，选择保存的位置及文件类型，单击"保存"按钮，保存制作好的阿迪达斯 LOGO，最终效果如图 2-1 所示。

> **项目小结**
>
> 通过学习绘制阿迪达斯"三叶草"LOGO 的过程可以知道，灵活使用选区工具及选区的编辑操作，可以绘制各种各样的图形。绘制选区及编辑选区时要掌握好选区大小比例，同时快捷键的使用，更能帮助用户完成图形的绘制。

项目2 婚纱后期合成

项目描述

随着数码时代的到来，Photoshop 在数码照片处理上得到了广泛的应用，现在的婚纱影楼常常使用 Photoshop 为照片进行后期处理、美化人像、环境人像修饰、照片后期调色、后期合成、后期特效以及后期商业应用等工作。本项目学习使用 Photoshop 进行后期合成，其参考效果如图 2-43 所示。

图 2-43 "婚纱后期合成"参考效果

项目分析

该项目首先打开背景图片和若干张婚纱照，通过使用"多边形套索工具""移动工具""椭圆选框工具"进行合成，为了提高合成后的视觉效果，使用了羽化和描边命令。本项目可分解为以下任务。

● 将主图与背景合成。
● 点缀其他照片。

项目目标

● 掌握图像的合成方法。
● 掌握羽化及描边的方法。
● 掌握套索工具的使用。

任务 1　将主图与背景合成

🖱 **操作步骤**

（1）执行"文件"→"打开"命令，在弹出的"打开"对话框中打开素材"背景"，如图 2-44 所示。

（2）单击程序栏的"排列文档"按钮█，在列表中单击"全部按网格拼贴"按钮▦，使每个图像单独一个窗口，执行"文件"→"打开"命令，在弹出的"打开"对话框中打开素材图片"新娘 3.jpg"，如图 2-45 所示。

图 2-44　背景图片

图 2-45　打开的"新娘 3"图片

（3）单击"移动工具"▸┿，将"新娘 3"图片移动到背景图片中，得到"图层 1"，按"Ctrl＋T"组合键，调整图片大小，然后按方向键将图片调整到合适的位置，如图 2-46 所示。

图 2-46　移动并调整图片

（4）单击"多边形套索工具" ，对人物部分进行选区绘制，大致将人物选中，如图2-47所示。

图2-47 绘制多边形选区

（5）执行"选择"→"修改"→"羽化"命令，打开"羽化选区"对话框，设置"羽化半径"为10，如图2-48所示。

（6）单击"确定"按钮，执行"选择"→"反向"命令，反选选区，按Delete键两次删除选区内容，效果如图2-49所示。

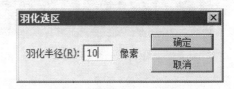

图2-48 "羽化选区"对话框

图2-49 删除选区部分内容

（7）执行"选择"→"取消选择"命令，取消选区，按"Ctrl＋T"快捷键调整图片大小，将图片移至合适位置，效果如图 2－50 所示。

图 2－50　图片合成效果

知识百科

一、套索工具组

套索工具组有三个工具："套索工具" ![套索]、"多边形套索工具" ![多边形] 和"磁性套索工具" ![磁性]，如图 2－51 所示。套索工具组的工具是用来创建不规则选区的。

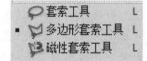

图 2－51　套索工具组

（1）"套索工具"：单击该工具，鼠标指针变为套索状 ![套索状]，用鼠标在画布上沿着图像的轮廓拖曳，可以创建一个不规则的选区，如图 2－52 所示。当鼠标左键松开时，系统会自动将鼠标拖曳的起点与终点进行连接，形成一个闭合的区域。

（2）"多边形套索工具"：单击该工具，鼠标指针变为多边形套索状 ![多边形套索状]，单击多边形选的起点，再依次单击多边形选区的各个顶点，最后回到起点处，当鼠标指针出现一个小圆圈时，单击多边形选区的起点，即可形成一个闭合的多边形选区。

（3）"磁性套索工具"：单击该工具，鼠标指针变为磁性套索状 ![磁性套索状]，用鼠标在画布内拖曳，最后回到起点处，当鼠标指针出现一个小圆圈时，单击选区的起点，即可形成一个闭合的选区。

"磁性套索工具"与"套索工具"的不同之处是，系统会自动根据鼠标拖曳出的选区边缘的色彩对比度来调整选区的形状。因此，对于选取区域外形比较复杂的图像，同时又与周围图像的色彩对比度反差比较大的情况，采用"磁性套索工具"创建选区是很方便的。

图 2－52　"套索工具"使用

"套索工具"与"多边形套索工具"的选项栏相同，如图 2－53 所示。

"磁性套索工具"的选项栏与套索工具的选项栏略有不同，如图 2－54 所示。

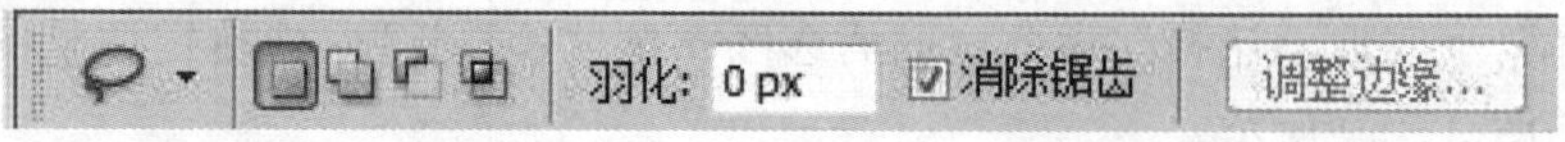

图 2-53 "套索工具"选项栏

图 2-54 "磁性套索工具"选项栏

"宽度"文本框：用来设置系统检测的范围，单位为像素。当用户用鼠标拖曳出选区时，系统将在鼠标指针周围制定的宽度范围内选定反差最大的边缘作为选区的边界。该数值的取值范围是 1～40 像素。通常，当选取具有明显边界的图像时，可将"宽度"文本框内的数值调大一些。

"对比度"文本框：用来设置系统检测选区边缘的精度，当用户用鼠标拖曳出选区时，系统将认为在设定的对比度百分数范围内的对比度是一样的。其取值范围为 1%～100%，该数值越大，系统能识别的选区边缘的对比度也越高。

"频率"文本框：用来设置选区边缘关键点出现的频率，其取值范围是 0%～100%。此数值越大，系统创建关键点的速度越快，关键点出现得越多。

"使用绘图板压力以更改钢笔宽度" 按钮：单击该按钮，可以使用绘图板压力来更改钢笔笔触的宽度，该按钮只有当使用绘图板绘图时才有效。

二、选区的羽化

羽化是通过建立选区和选区周围像素之间的转换来模糊像素的边缘，这种模糊的方法将丢失选区边缘的一些图像的细节。

创建羽化的选区可以在创建选区时利用选项栏进行。创建羽化选区，应先设置羽化值，再用鼠标拖曳创建选区。如果已经创建了选区，再想进行羽化，可执行"选择"→"修改"→"羽化"命令，打开"羽化选区"对话框，输入羽化半径值，单击"确定"按钮，反选选区，按 Delete 键即可看到选区的羽化效果。

打开一张卡通图片绘制椭圆选区，图 2-55 所示的为羽化半径为 0 的图片效果，图 2-56 所示为羽化半径为 30 个像素的图片效果。

图 2-55 羽化值为 0   图 2-56 羽化值为 30

三、反选选区

执行"选择"→"反向"菜单命令，创建原选区外其他内容的选区。

任务 2 点缀其他照片

操作步骤

（1）执行"文件"→"打开"命令，在弹出的"打开"对话框中打开图片"新娘1.jpg"，如图2-57所示。

（2）单击"椭圆选框工具"⚪，按下Shift键同时绘制正圆形选区，移动选区到合适位置，使用"移动工具"▶⊕，将选区内容移至背景图片中的适当位置，如图2-58所示。

图 2-57 "新娘1"图片

图 2-58 移动选区图片

（3）执行"编辑"→"描边"命令，打开"描边"对话框，设置"宽度"为5px，"颜色"为黄色，"位置"为居外，其他参数默认，如图2-59所示。

（4）单击"确定"按钮，同样方法，分别打开"新娘2.jpg"和"新娘4.jpg"两张图片，绘制不同大小的圆形选区，添加另外两幅图片，设置不同颜色的描边线，效果如图2-60所示。

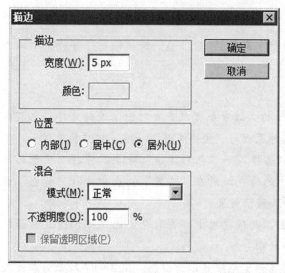

图 2-59 "描边"对话框

图 2-60 合成图片效果

（5）执行"文件"→"存储为"命令，打开"存储为"对话框，选择保存的位置，输入文件名为"婚纱后期合成．psd"，单击"保存"按钮保存合成的照片，最终效果如图2-43所示。

知识百科

选区的描边就是沿着选区蚁形线绘制边缘线。

在图像上创建人物选区，如图2-61所示，然后执行"编辑"→"描边"命令，打开"描边"对话框，设置描边3个像素，描边颜色为黄色，点选"居中"选项，如图2-62所示，单击"确定"按钮，即可完成描边，效果如图2-63所示。

图2-61　创建选区　　　　图2-62　"描边"对话框　　　　图2-63　描边效果

项目小结

照片的后期合成是影楼经常做的工作，也是Photoshop中常用的操作。它是将多张图像的元素合成一张个性化强的图像，关键在于选区工具的灵活使用，这样才能实现完美的抠图，同时还要掌握选区内图像的移动和加工。

知识拓展

一、创建整个画布为一个选区

选取整个画布为一个选区：执行"选择"→"全选"命令或按"Ctrl＋A"快捷键，即可将整个画布选取为一个选区。

二、色彩范围

"色彩范围"命令是根据色彩范围对图像区域进行选择的。该命令可以多次对图像进行选择，也可以将选择的样本进行保护，还可以载入新的颜色样本，其工作原理与"魔棒工具"一样，但功能更强大。

打开名为"广场"的图片，如图2-64所示，执行"选择"→"色彩范围"命令，将打开"色彩范围"对话框，根据需要选择图像区域，如果要选择图像中的青色，则在"选择"列表中选择"青色"选项，如图2-65所示，单击"确定"按钮，得到如图2-66所示效果。

也可以选择"吸管工具"在图像需要选择的区域单击，或预览框中单击取色，此时可以通过对话框的预览框观察图像的选取情况，其中白色区域为已经选择的部分。

拖动"颜色容差"滑块，直至所有需要选择的区域都在预览框中显示为白色。图2-67所示为容差较小时的选择范围，图2-68为容差较大时的选择范围。

图 2-64　打开"广场"图片

图 2-65　"色彩范围"对话框

图 2-66　选区效果

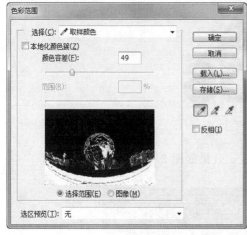

图 2-67　"颜色容差"较小的选择

图 2-68　"颜色容差"较大的选择

【贴心提示】　按住 Shift 键可以将"吸管工具"切换为"添加到取样"工具，以增加颜色；按住 Alt 键可以将"吸管工具"切换为"从取样中减去"工具，以减去颜色。

单元小结

本单元共完成 2 个项目，完成后应达到以下知识目标。

● 掌握各种选框工具的使用方法。
● 掌握使用选框工具绘制图形的方法。
● 掌握选区及选区内的图像的编辑方法。
● 掌握图像合成的方法。

实训练习

1. 仿照项目1的方法绘制阿迪达斯的另一个LOGO，效果如图2-69所示。

图2-69 阿迪达斯LOGO效果

2. 利用背景图片及宝宝照片，仿照项目2，制作宝宝相册，效果如图2-70所示。

图2-70 宝宝相册效果图

第3单元
图层与蒙版

本单元主要学习图层和蒙版的概念和种类、图层调板的使用方法，掌握图层和蒙版的基本操作以及图层样式、图层模式、调节图层、快速蒙版和剪贴蒙版的使用技巧，通过灵活使用图层和蒙版来进行广告、特殊效果、图像合成以及图像替换等效果的处理。

本单元包括以下2个项目。

项目1　个性写真"宝贝"

项目2　图像合成"移花接木"

项目 1　个性写真"宝贝"

项目描述

个性写真是目前影楼中深受用户喜爱的项目，也是修图师们经常进行的后期合成工作。现为用户制作名为"宝贝"的个性写真，参考效果如图 3-1 所示。

图 3-1　个性写真效果

项目分析

本项目首先收集背景、照片及装饰素材图片，根据孩子的个性灵活使用图层、图层样式、调节图层以及蒙版等工具，进行效果制作，再灵活使用选区工具进行人物抠图来进行图像后期合成。本项目可分解为以下任务：

- 制作写真背景。
- 点缀其他照片。
- 制作文字效果。

项目目标

- 掌握图层样式及调节图层的应用。
- 掌握蒙版的创建。
- 复习选区的编辑操作。

任务 1　制作写真背景

操作步骤

（1）启动 Photoshop 后，单击菜单栏右侧"排列文档"按钮▦，在弹出的列表中单击"全部按网格拼贴"按钮▦，使打开的图片单独一个窗口。

（2）执行"文件"→"打开"命令，打开"打开"对话框，选择素材图片"背景.jpg"，单击"确定"按钮，打开作为背景的图片，如图 3-2 所示。

（3）再次执行"文件"→"打开"命令，在弹出的"打开"对话框中选择素材图片"童年.jpg"，打开一张儿童照片，如图 3-3 所示。

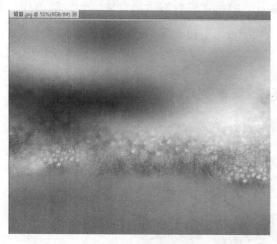

图 3-2　打开背景图片　　　　　　　　　　　　图 3-3　打开儿童照片

（4）使用"移动工具"▸⊹将儿童照片拖到背景图片上，生成"图层 1"，执行"编辑"→"自由变换"命令，调出变换框，按住 Shift 键拖动控制点，调整儿童图片的大小，并将其移至背景图片的左上角，效果如图 3-4 所示。

（5）单击"图层"调板底部的"添加图层蒙版"按钮▢，为"图层 1"添加蒙版，如图 3-5 所示。

图 3-4　调整图片大小及位置　　　　　　　　　图 3-5　添加图层蒙版

（6）设置"前景色"为黑色，选择"画笔工具"，在属性栏上设置"画笔大小"为柔角 70px，"不透明度"为 100%，在儿童照片的周围背景处进行涂抹，此时的"图层"调板如图 3-6 所示，蒙版效果如图 3-7 所示。

图 3-6　"图层"调板

图 3-7　蒙版效果

（7）单击"图层"调板底部的"创建新的图层或调整图层"按钮，在弹出的菜单中选择"曲线"命令，打开"曲线"面板，设置参数，对照片的颜色进行调整，如图 3-8 所示。

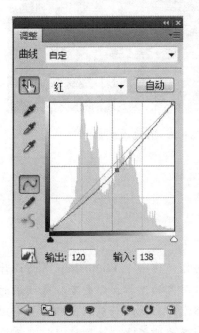
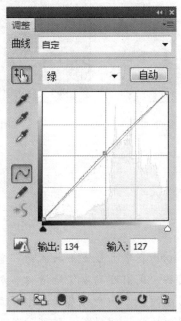
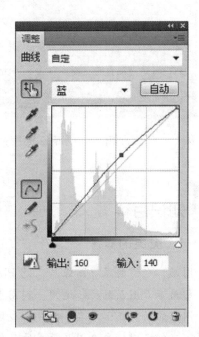

图 3-8　"曲线"面板

（8）此时的"图层"调板如图 3-9 所示。单击"曲线 1"图层，执行"图层"→"创建剪贴蒙版"命令，为"曲线 1"图层创建蒙版，如图 3-10 所示，此时效果如图 3-11 所示。

（9）执行"文件"→"打开"命令，在弹出的"打开"对话框中选择素材图片"草地.psd"，如图 3-12 所示。

（10）使用"移动工具"将草地图片拖到背景图片上，生成"图层 2"，按"Ctrl＋T"快捷键，调出变换框，调整草地图片的大小后按 Enter 键确认变换，将其移至背景图片的右侧，如图 3 – 13 所示，至此写真的背景制作完成。

图 3 – 9　调整图层

图 3 – 10　剪贴蒙版

图 3 – 11　曲线效果

图 3 – 12　草地图片

图 3 – 13　合成草地图片

 知识百科

一、图层的概念

图层，也称为层、图像层，是 Photoshop 中十分重要的概念，制作任何一个 Photoshop 平面设计作品，都离不开图层的灵活运用。利用图层，我们可以方便地进行各种图像的编辑、合成及特殊效果的制作。图层的功能正如其名，就是构成图像的一个一个的层，每个层都能单独地进行编辑操作。打个比方来说，我们可以将每个图层简单地理解为一张透明的纸，将图像绘制在透明纸上，透过这层纸，可以看到透明区域后面的对象，而且在这层纸上如何涂画，都不会影响到其他图层中的图像，也就是说每个图层可以进行独立的编辑或修改，而多个图层重叠在一起，"挤压"成一个平面，即是我们看到的图像整体效果。图层的使用可以降低图像编辑失误的概率，大大简化图像的编辑过程。

二、图层的种类

从图层的可编辑性进行分类，图层可以分为两类：背景图层和普通图层；从图层的功能进行分类，图层可分为文字图层、形状图层、填充图层、调节图层、蒙版图层、3D 图层和视频图层。

1. 背景图层

Photoshop 在新建文件时，会在图层调板板里自动创建一个图层，这个自动产生的图层就是背景图层。一个图像文件只有一个背景图层，背景图层是所有图层的最底层，它是完全不透明的，代表图像的基础部分，且始终处于被锁定状态。

2. 普通图层

除背景图层之外的其他图层均为普通图层，是 Photoshop 中最常用的图层，新建立的普通图层上的像素是完全透明的，呈现灰白方格图像。普通图层可调整其不透明度和图层混合模式。

【贴心提示】 普通图层可以转化为背景图层，方法是：激活某一普通图层，执行"图层"→"新建"→"图层背景"命令，该图层将会被命名为"背景"图层，并调整到最底图层。

3. 文字图层

文字图层是专门用来编辑和处理文本的图层。使用文字工具**T**，在文档编辑窗口中单击，即可创建一个文字图层，具体内容参见第 8 单元。

4. 蒙版图层

"蒙版"顾名思义"蒙住""遮住"，蒙版图层可以控制图层或图层组中的不同区域的显示效果，即某区域图像是否被"蒙住"，是否被显示。

5. 形状图层

形状图层就是使用工具箱中的"矩形工具" ▣、"圆角矩形工具" ▣、"椭圆工具" ▣、"多边形工具" ▣、"直线工具" ／或"自定形状工具" ✿，并在对应的工具选项栏中选择"形状图层"按钮▣，在文档编辑窗口中绘制图形所产生的图层。

6. 填充图层

填充图层可以通过执行"图层"→"新填充图层"命令产生，也可以单击"图层"调板下方的"创建新的填充或调整图层" ◑. 按钮来实现。在新产生的图层上可以填充的内容有 3 种："纯色""渐变色"和"图案"。

7. 调节图层

调节图层是一种能够调整多个图层色调和色彩的特殊图层，其特点表现在：一是可以调整图像，而不会永久地修改图像中的像素；二是调节图层的调整效果会影响位于其下的所有图层，而不是单个图层；三是在调整过程中，可以根据需要为调节图层增加蒙版，灵活地对部分区域进行调整。

8. 3D 图层

3D 图层是包含置入 3D 文件的图层。可以打开 3D 文件或将其作为 3D 图层添加到打开的 Photoshop 文件中。将文件作为 3D 图层添加时，该图层会使用现有文件的尺寸。3D 图层包含 3D 模型和透明背景。3D 图层可以是由 Adobe Acrobat 3D Version 8、3D Studio Max、Alias、Maya 和 Google Earth 等软件创建的文件。具体内容参见第 10 单元。

9. 视频图层

视频图层是包含视频文件帧的图层。可以使用视频图层向图像中添加视频。将视频剪辑作为视频图层导入到图像中，可以遮盖该图层、变换该图层、应用图层效果、在各个帧上绘画或栅格化单个帧并将其转换为普通图层。可以使用"时间轴"调板播放图像中的视频或访问各个帧。在使用"时间轴"调板制作帧动画时，图层调板发生改变，增加了很多跟动画有关的属性按钮。具体内容参见第 11 单元。

三、图层调板

"图层"调板是进行图层编辑时必不可少的窗口，主要用于显示当前图像的图层编辑信息。在"图层"调板中可以设置图层的排列顺序、不透明度以及图层混合模式等选项。执行"窗口"→"图层"命令或按下 F7 键，即可打开如图 3-14 所示的"图层"调板。

在图层调板中，各按钮的功能如下：

正常 ▼：在此列表框中可设置当前图层的混合模式。

不透明度：100% ▶：在此框中输入数值可控制当前图层的不透明度。

锁定：☒ ✓ ✛ 🔒：这些锁定按钮，可分别锁定图层的透明像素、图像像素、位置及全部等图层属性。

👁：单击此按钮可控制当前图层的显示与隐藏状态。

▶和▽：单击此按钮，可展开或折叠图层组。

🔗：单击此按钮，可将选中的两个或两个以上图层"链接"。

fx：单击此按钮，可弹出一个下拉菜单，为当前图层添加图层样式。

◎：单击此按钮，可为当前图层添加蒙版。

◐：单击此按钮，将弹出一个下拉菜单，可为当前图层创建新的填充图层或调整图层。

▢：单击此按钮，可建立一个图层组。

▣：单击此按钮，可新建一个图层。

🗑：单击此按钮，可删除当前图层。

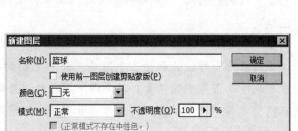

图 3-14　"图层"调板

四、图层的创建和编辑

1. 图层的创建

在图像的编辑过程中，图层的操作尤为重要。图层的创建是图层操作中最基本的操作。

在 Photoshop 中可以通过多种方法创建图层，一般创建的图层为普通图层。常用的创建方法有以下几种。

（1）单击图层调板中的"创建新图层"按钮▣，可建立一个普通图层。

（2）执行"图层"→"新建"→"图层"命令，打开"新建图层"对话框，如图 3-15 所示，输入图层名称，单击"确定"按钮，建立新图层。

（3）按"Shift＋Ctrl＋N"快捷键在当前图层的上方新建一个图层。

图 3-15　"新建图层"对话框

【贴心提示】　还有一些间接产生图层的方法，如按"Ctrl＋J"快捷键，可将当前图层的选区拷贝成一个新图层；按"Shift＋Ctrl＋J"快捷键，可将剪切的图像粘贴为一个新图层。

2. 图层的编辑

（1）选择图层。在图层调板中单击某图层的名称，使该图层底色由灰色变为蓝色，即表示选择该图层为当前图层。

（2）显示/隐藏图层。图层的显示状态有两种：显示和隐藏。默认状态下图层处于显示状态，如果要隐藏该图层中的图像，可单击图层缩览图左侧的眼睛图标👁。再次单击眼睛图标，则可重新显示其内容。

（3）复制图层。最快捷的方法是在图层调板中，将要复制的图层拖动到图层调板下方"创建新图层"

按钮⬛上，就可以创建该图层的副本。此外，也可以选中需要复制的图层，执行"图层"→"复制图层"命令或单击右键，在弹出的快捷菜单中选择"复制图层"命令来完成。

【贴心提示】　在同一个图像中复制图层时，可按"Ctrl＋J"键实现对当前图层的快速复制。

（4）删除图层。选择需删除的图层，执行"图层"→"删除"→"图层"命令或单击右键，在弹出的快捷菜单中选择"删除图层"命令，或者选中需要删除的图层直接拖到图层调板上的"删除图层"⬛按钮上。

（5）调整图层的叠放顺序。对于一幅图像来说，叠于上方的图层会挡住下方的图层，如图 3－16 所示。所以图层的叠放顺序决定着图像的显示效果，在图层调板中，拖动图层移动其位置即可以调整图层的叠放顺序，如图 3－17 所示。

图 3－16　上方图层图像挡住下方图层图像　　　　图 3－17　拖动图层调整叠放顺序

（6）图层的链接。为了方便同时移动多个图层上的图像，Photoshop 给出了图层的链接功能，当移动其中任何一个图层时，该图层链接的其他图层也会随之移动。链接图层的方法是：按住 Ctrl 键，选中两个或两个以上需要链接的图层，单击"图层"调板下方的链接按钮⬛，相应图层右侧就会出现⬛标记，表示链接成功，如图 3－18 所示。

（7）图层的合并。在编辑图像过程中，为便于修改，尽量将不同对象建立在不同图层上。但是，对于确定不再更改的图像内容，要尽量将其图层进行合并，以减少图像文件所占磁盘的空间。合并图层，在可"图层"菜单中选择以下操作：

① 向下合并：将当前图层与其下一图层合并为一个图层。

② 合并可见图层：将当前所有可见图层内容合并到背景图层，而处于隐藏的图层则不被合并。

图 3－18　链接图层

③ 拼合图像：合并所有可见图层，对于图像中存在的隐藏图层，Photoshop 将会弹出一个对话框提示是否要扔掉隐藏图层。

【贴心提示】　按"Ctrl＋E"快捷键，可以向下合并图层，按"Ctrl＋Shift＋E"快捷键，可合并可见图层。

五、图层的混合模式

图层的混合模式用于控制上、下图层中图像的交叠混合效果。单击图层调板中"正常"右侧的下三角按钮，会弹出一个包含27种混合模式的下拉列表，用户可以在此选择需要的混合模式。在实际运用中，这些图层混合模式按照一定的原则分为6种，分别为正常型、颜色减淡型、光源叠加型、差值特异型和色相饱和度型。图层混合模式的效果与上、下图层中的图像（包括色调、明暗度等）有密切的关系，因此，在应用时可以多试用几种模式，以寻找最佳效果。

1. 图片加深效果——正片叠底

对于图像，通过设置图层混合模式为"正片叠底"来调整图像的曝光效果，这是修正曝光过度的一种基本手段，如图3-19所示为使用"正片叠底"效果对比。

图3-19 "正片叠底"效果对比

2. 图片颜色减淡效果——滤色

对于图像，通过设置图层混合模式为"滤色"来将曝光不足的图像修正为合适的光感，若一次修复效果不明显，可以重复调整图像。这是修正图片曝光不足的一种基本手段。图3-20所示为使用"滤色"图层混合模式的效果对比。

图3-20 "滤色"效果对比

3. 光源叠加

光源叠加类型的图层混合模式包括叠加、柔光、强光、亮光、线性光、点光及实色混合7种。对于图像，通过设置光源叠加类型的图层混合模式可以为图片添加不同的光感效果。

4. 差值特异特殊效果

差值特异特殊效果包括差值、减去、排除和划分4种。对于图像，通过设置差值特异类型的图层混合模式可以为图片添加一些特殊的视觉效果。

5. 色相饱和度颜色效果

有关颜色效果包括色相、饱和度、颜色和明度4种。对于图像，通过设置颜色效果的图层混合模式可以为图片的颜色进行混合，为图片添加颜色融合过渡的视觉效果。图3-21所示为使用"颜色"混合模式的前后效果对比。

图 3-21　"颜色"效果对比

六、蒙版

为了便于编辑和修改图像，Photoshop 可将图像的不同部分置于不同的图层上，而对于一个图像，Photoshop 又可以使用一种技术来控制图像不同区域的显示效果，这种技术就是"蒙版"。

1. 蒙版的建立

蒙版有两种建立方法。

一是选择需要建立蒙版的图层，执行"图层"→"图层蒙版"→"显示全部"命令，可为该图层添加蒙版。

二是选择需要建立蒙版的图层，单击图层调板下方的"添加图层蒙版"按钮 ⬜，可为图层添加蒙版。

下面举例说明蒙版的作用。

（1）打开一幅图像，双击"背景"图层，将其转换为普通图层"图层 0"，图像与图层调板如图 3-22 所示。

（2）单击图层调板下方的"添加图层蒙版"按钮 ⬜，为"图层 0"添加蒙版，如图 3-23 所示。

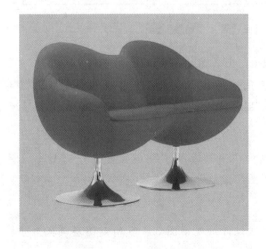

图 3-22　图像和"图层"调板

观察图 3-23 发现，新建立的蒙版为白色，图像显示效果没有变化。即白色的蒙版使"图层 0"上的图像全部显示，对图像没有影响。

（3）单击"图层 0"上的蒙版，设置前景色为黑色，使用"画笔工具" 🖌，在选项栏上设置画笔主直径为 30 像素，硬度为 100%，在蒙版上涂抹任意图形，得到如图 3-24 所示效果及蒙版。

图 3-23　添加图层蒙版的图像和"图层"调板

图 3-24　添加有黑色图层蒙版的图像效果和"图层"调板

　　观察图 3-24 发现，蒙版上黑色部分所对应的"图层 0"上的图像消失了，变透明了。

　　由此可知，建立在图层上的蒙版，可以控制本图层上图像的显示效果。具体来说，蒙版上黑色部分可以使图层中对应的图像变透明，蒙版上灰色部分可以使图层中对应的图像变半透明，而蒙版上白色部分则不影响图像的显示效果。

　　【贴心提示】　为图层添加一个全白色的蒙版，可执行"图层"→"图层蒙版"→"显示全部"命令；为图层添加一个全黑色的蒙版，可执行"图层"→"图层蒙版"→"隐藏全部"命令。

　　2. 剪贴蒙版的作用

　　(1) 剪贴蒙版的作用。剪贴蒙版也是一种蒙版效果，通过仔细观察图 3-25 所示图层调板来分析剪贴蒙版的作用。

　　通过观察图 3-25 可知，剪贴蒙版的实现不少于两个图层，下面的图层称为基底图层，上面的图层称为剪贴图层。剪贴蒙版可使用基底图层的内容来遮盖其上方的图层，遮盖效果由基底图层中的图像内容来决定。基底图层的非透明内容将在剪贴蒙版中显示它上方的图层内容，而剪贴图层中的所有其他内容则被遮盖掉。蒙版中的基底图层名称带下划线，上层图层（即剪贴图层）的缩览图是缩进的。剪贴图层前面将显示一个剪贴蒙版图标"⬇"。

图 3-25 剪贴蒙版：剪贴图层仅在基底图层中可见

（2）剪贴蒙版的创建方法有以下两种。

① 在图层调板中排列图层，使带有蒙版的基底图层位于剪贴图层的下方。

② 执行下列操作：一是按住 Alt 键，将指针放在图层调板上，用于分隔要在剪贴蒙版中包含的基底图层和其上方的图层的线上（指针会变成两个交叠的圆 🌑），然后单击即可；二是选择图层调板中的基底图层上方的图层，执行"图层"→"创建剪贴蒙版"命令即可。

任务 2   点缀其他照片

🖱 操作步骤

（1）执行"文件"→"打开"命令，在弹出的"打开"对话框中选择素材图片"童年 1.jpg"，打开第二张儿童图片，使用"椭圆选框工具" ⭕ 在照片头部绘制圆形选区，如图 3-26 所示。

（2）使用"移动工具" ➤ 将选区图片拖到背景图片上生成"图层 3"，执行"编辑"→"自由变换"命令，调整选区图片的大小，并将其移至背景图片的右侧，效果如图 3-27 所示。

图 3-26 打开儿童图片并绘制选区

图 3-27 合成"童年 1"图片

（3）单击图层调板底部的"添加图层样式"按钮 *fx.*，在弹出的下拉菜单中选择"描边"命令，在打开的"图层样式"对话框中设置"大小"为6px，"颜色"为白色，如图3-28所示，单击"确定"按钮，效果如图3-29所示。

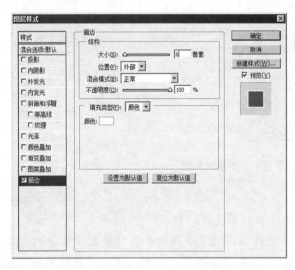

图3-28　"图层样式"对话框　　　　　　　　图3-29　"描边"图层样式效果

（4）执行"编辑"→"变换"→"水平翻转"命令，将图片水平镜像。按"Ctrl＋O"快捷键，弹出"打开"对话框，选择素材图片"花环.psd"，单击"确定"按钮，打开一张背景透明的花环图片，如图3-30所示。

（5）使用"移动工具" ▶ 将花环图片移到背景图片上，生成"图层4"，按"Ctrl＋T"快捷键调整花环图片的大小，并将其移至儿童图片边缘线外侧，效果如图3-31所示。

图3-30　打开花环图片　　　　　　　　　　图3-31　合成花环图片

（6）用同样方法，分别打开"童年2.jpg"图片和"童年3.jpg"图片，绘制椭圆选区，将其移至背景图片上，调整大小后移至背景图片右侧，描边并复制花环图层至该图片外侧，效果如图3-32所示。

图 3-32 点缀照片效果

 ## 知识百科

一、盖印图层

盖印图层是将之前进行处理的效果以图层的形式复制在另一个图层上，便于用户继续对图像进行编辑。

盖印图层在功能上与合并图层相似，但比合并图层更实用。盖印是重新生成一个新的图层，不会影响之前处理的图层。如果对处理的效果不满意，可以删除盖印图层，之前制作效果的图层依然保留，极大地方便了用户的操作，同时也节省了不少时间。

二、图层样式

使用图层样式可以制作出投影、发光和浮雕等图像效果。

对图层添加样式的方法是：选中图层，单击图层调板下方"添加图层样式"按钮**fx.**，弹出图层样式菜单，如图 3-33 所示，单击其中的任一菜单命令，均可为当前图层添加图层样式。

图层样式主要有：混合选项、投影、内阴影、外发光、内发光、斜面和浮雕效果、光泽、颜色叠加、渐变叠加、图案叠加、描边等，这里以投影为例说明其参数的使用。

"投影"的作用是设置图层的阴影效果，在"添加图层样式"下拉菜单中选择"投影"命令，即可打开"投影"对话框，如图 3-34 所示，其参数功能如下：

（1）混合模式：可以设置阴影的色彩混合模式。

（2）不透明度：通过输入值或拖动滑块来设置阴影的不透明度，数值越大则阴影效果越清晰。

（3）角度：确定投影效果应用于图层时所采用的光照角度。

（4）使用全局光：可以为同一图像中的所有图层样式设置相同的光线照明角度。

（5）距离：设置阴影与图层中内容的距离，值越大距离越远。

（6）扩展：可以增加阴影的投射强度，数值越大则阴影的强度越大。

（7）大小：控制阴影的柔化程度，值越大阴影柔化效果越明显。

混合选项...

投影...
内阴影...
外发光...
内发光...
斜面和浮雕...
光泽...
颜色叠加...
渐变叠加...
图案叠加...
描边...

图 3-33 图层样式菜单

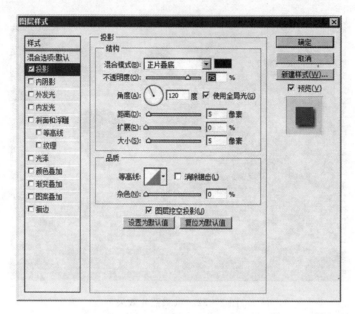

图 3-34　"图层样式"之投影对话框

(8) 等高线：定义图层样式效果的轮廓。

(9) 消除锯齿：可以使应用等高线后的阴影更细腻。

(10) 杂色：为阴影添加杂色。

(11) 图层挖空投影：控制半透明图层中投影的可视性。

三、调整图层

调整图层是一类非常特殊的图层，它可以包含一个图像的调整命令，从而对图像产生作用，该类图层不能装载任何图像的像素。

调整图层具有图层的灵活性和优点，可以在调整的过程中根据需要为调整图层增加蒙版，并且利用蒙版的功能实现对底层的图像的局部进行调色。调整图层可以将调整应用于多个图像，在调整图层上也可以设置图层的混合模式；另外，调整图层也可以将颜色和色调调整应用于图像，且不会更改图像的原始数据，因此，不会对图像造成真正的修改和破坏。

使用调整图层可以将颜色和色调调整应用于多个图层而不会更改图像的像素。当需要修改图像效果时，只需要重新设置调整图层的参数或将其删除即可。使用调整图层能够暂时提高图像对比，以便于选择图像或在调整图层与智能对象图层之间创建剪贴蒙版，以达到调整智能对象颜色的目的。

(1) 打开素材图片"女孩.jpg"，如图 3-35 所示。复制"背景"图层生成"背景副本"，使用"快速选择工具" 选取人物以外区域，如图 3-36 所示。

图 3-35　素材图片"女孩"

图 3-36　制作选区

（2）单击图层调板上的"创建新的填充或调整图层"按钮 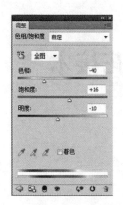，在弹出的菜单中选择"色相/饱和度"命令，打开"色相/饱和度"面板，设置参数，如图 3-37 所示。调整后效果如图 3-38 所示。

图 3-37　"色相/饱和度"参数

图 3-38　调整后效果

任务 3　制作文字效果

操作步骤

（1）执行"文件"→"打开"命令，在弹出的"打开"对话框中选择素材图片"文字.psd"，如图 3-39 所示。

（2）使用"移动工具" 将文字选区拖到背景图片上，生成"图层 5"，将其移至背景图片的左边，效果如图 3-40 所示。

图 3-39　打开文字图片

图 3-40　合成文字效果

（3）执行"文件"→"存储为"命令，在弹出的"存储为"对话框中以"个性写真.psd"为文件名保存文件。

项目小结

本项目介绍了图层蒙版在图像后期合成上的应用。众所周知，蒙版可以控制本图层上图像的显示效果，蒙版上黑色部分可以使图层中对应的图像变透明，而白色部分则不影响图像的显示效果，可通过蒙版上黑色区域的绘制来选择需要显示的部分。

项目2 图像合成"移花接木"

项目描述

对于边缘比较复杂的图像，利用蒙版进行抠图不失为一种好方法。现将图片上两个小男孩所坐的沙发进行"移花接木"，换成新的沙发，效果如图3-41所示。

图3-41 "移花接木"效果

项目分析

首先，利用"快速蒙版工具" 在图像上制作出两个小男孩图像的选区，然后利用"移动工具" 将选区内图像移动到新沙发图像上，为了使人物更逼真，可为两个小男孩所在的图层添加"投影"效果。本项目可分解为以下任务：

- 制作人物选区。
- 合成图像。

项目目标

- 掌握利用蒙版制作选区的方法。
- 掌握快速蒙版的创建方法。

任务 1　制作人物选区

操作步骤

（1）打开素材图片"男孩.jpg"，如图 3-42 所示。

（2）单击工具箱底部的"以快速蒙版模式编辑"按钮 ⊙，进入快速蒙版编辑模式，设置前景色为黑色，单击"画笔工具" ✐，设置主直径为"50 像素"，硬度为"100％"，在两个小男孩身上涂抹，做出两个人的选区，效果如图 3-43 所示。

图 3-42　素材图片"男孩"

图 3-43　用画笔涂抹人物

（3）为做出两个人的精确选区，在用画笔涂抹的过程中配合使用"缩放工具" ○ 对局部图像进行放大，同时按键盘上的字符"［"或"］"调整画笔大小，便于对图像进行仔细涂抹，效果如图 3-44 所示。

（4）如果在涂抹过程中不慎涂抹了过多的区域，如图 3-45 所示，则用"橡皮擦工具" ✐ 清除多余的涂抹区域，效果如图 3-46 所示。

（5）制作好的图层蒙版效果如图 3-47 所示。

图 3-44　局部放大

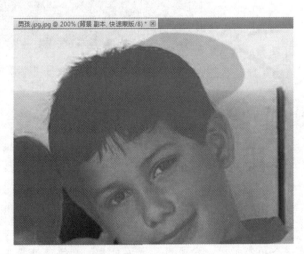

图 3-45　涂抹了过多的选区

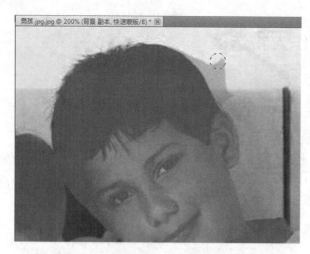

图 3-46　用"橡皮擦工具"清除多余的涂抹区

图 3-47　图层蒙版效果

　　（6）再次单击  按钮，进入标准模式编辑状态，得到除人物之外的选区，执行"选择"→"反向"命令，进行反选，完成人物选区的制作，如图 3-48 所示的选区。

图 3-48　利用快速蒙版制作的选区

知识百科

　　快速蒙版可以自由地对蒙版区域的形状进行任意编辑。

　　下面通过一个实例来说明"快速蒙版"的使用。

　　首先，打开图片"椅子.jpg"，如图 3-49 所示。

　　现在，想把图片上两把红色椅子选择出来与其他图像进行图像合成。所面临的问题是用哪一种选区工具来制作椅子的选区？通过对已经掌握的选框工具、快速选择工具、魔棒工具、套索工具四种选区工具做一个功能对比，发现用"魔棒工具"和快速选择工具来制作椅子选区最为接近要求。

　　选用"魔棒工具" 制作椅子的选区，效果如图 3-50 所示。

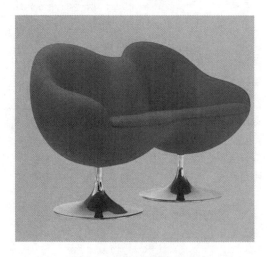

图 3-49　"椅子"图片

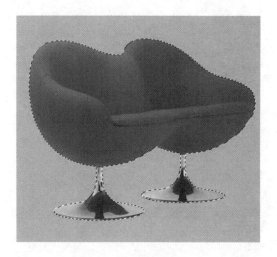

图 3-50　制作椅子选区

观察图 3-50 所制作的选区，很精确，因为背景与实物颜色差别较大，反之，选区就会很粗糙，此时，可以借助"快速蒙版工具"进行精确修补。

单击工具箱下方的"以快速蒙版模式编辑"按钮 ⊙ ，就进入快速蒙版编辑模式。

通过观察发现，选区消失，原先图像选区之外的区域被一层淡红色覆盖，选区内的图像没有变化，如图 3-51 所示。

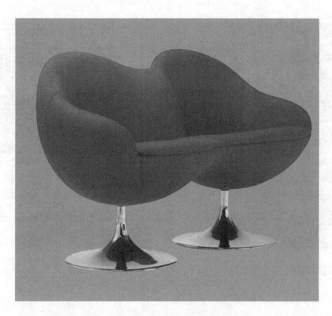

图 3-51　进入快速蒙版编辑模式

根据对蒙版的认识可以知道，原先的选区并没有消失，而是以另外一种方式体现出来了，这种方式就是"蒙版"。被淡红色覆盖的区域代表未选中区域，未被淡红色覆盖的区域代表选中的区域。为了精确做出椅子选区，可以用"画笔工具" ✐ 和"橡皮擦工具" ✐ 来对蒙版进行编辑。

用"快速蒙版"精确编辑椅子选区。具体操作是，首先用"缩放工具" ⊙ 将椅子脚部图像放大以方便观察，然后选择"画笔工具"，设置前景色为黑色，主直径建议为 10～30 像素，画笔硬度为 100%。在椅子脚部涂抹，如图 3-52 所示。对于涂抹红色过多的区域，要配合用"橡皮擦工具"来清除，如对椅子腿部的编辑，如图 3-53 所示。

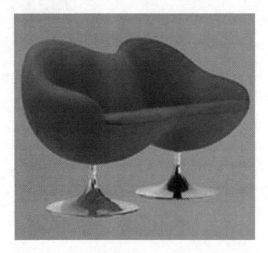

图 3-52　用"画笔工具"涂抹椅子脚部

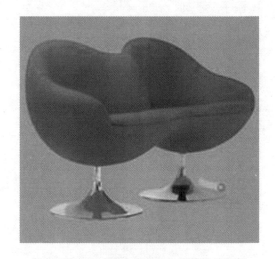

图 3-53　用"橡皮擦工具"编辑椅子腿部

同样，用"画笔工具"进行涂抹，配合"橡皮擦工具"进行清除也可精确编辑出椅子腿部和脚部的选区。如图 3-54 所示即是用"快速蒙版工具"编辑的椅子最终选区。

再次单击工具箱下方的"以标准模式编辑"按钮 ⊙ ，进入标准模式编辑状态，就会出现精确的椅子选区，如图 3-55 所示。由此可见，"快速蒙版工具"为用户制作精确选区提供了一个强有力的支持。另外，进入和退出"快速蒙版编辑模式"可按快捷键 Q 来实现。

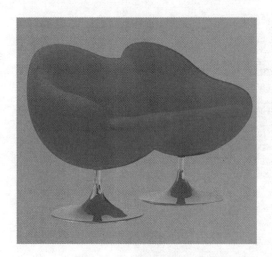

图 3-54　蒙版编辑的椅子选区

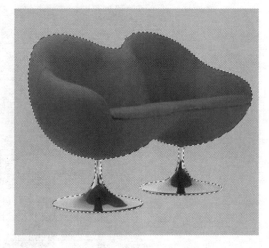

图 3-55　精确的椅子选区

任务 2　合成图像

操作步骤

（1）打开素材图片"沙发.jpg"，如图 3-56 所示。

（2）用"移动工具"将人物选区的图像移至"沙发.jpg"图片上，产生新图层"图层 1"，按"Ctrl+T"快捷键，调整人物的位置和大小，效果如图 3-57 所示。

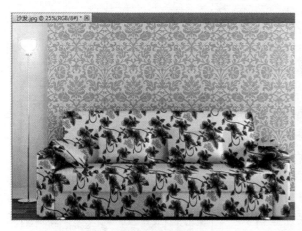

图 3-56 素材图片"沙发"

图 3-57 人物合成到新沙发上

（3）为使人物看上去有立体感，双击图层调板上的"图层 1"，打开"图层样式"对话框，在"样式"栏中选择"投影"选项并设置如图 3-58 所示的参数。

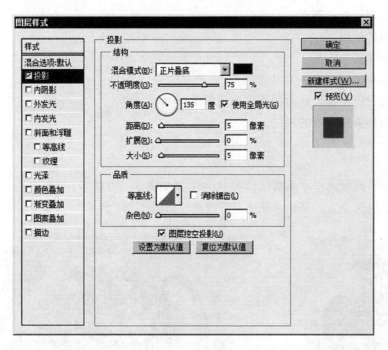

图 3-58 "图层样式"对话框

（4）单击"确定"按钮，最终效果如图 3-41 所示。执行"文件"→"存储为"命令，打开"存储为"对话框，选择保存的位置，将文件命名为"移花接木 .psd"，单击"保存"按钮即可完成本项目的制作。

项目小结

蒙版实质上是一个选区，这个选区是通过一个灰度图像来体现的，因而蒙版是 Photoshop 中指定选区轮廓最精确的方法，同时也是最富有变化的选区选取方法，希望学生能灵活掌握。

知识拓展

图层组的使用

图层组具有管理图层的功能，使用图层组，就像使用文件夹管理文件一样，可以在图层组中存放图层并进行管理。

要建立图层组，可以单击图层调板下方"创建新组"按钮，也可以执行"图层"→"新建"→"组"命令来创建图层组。图层组建好后，可将已有的图层移动到图层组中，或者在图层组中建立图层，便于管理图层。

当图层组中包含多个图层时，可以展开或折叠当前图层组中的图层，以方便滚动浏览图层调板中的图层，只要单击图层组中的三角形图标 ▷ 即可展开图层组；此时变为 ▽，当单击 ▽ 按钮，表示图层组内容被折叠。如图3-59所示。

图3-59 图层组的展开与折叠

单元小结

- 正确理解图层和蒙版的概念和分类。
- 掌握图层调板的使用。
- 掌握图层的基本操作。
- 掌握使用蒙版快速创建选区的方法。
- 掌握使用蒙版进行图像合成时的特殊效果制作。
- 了解快速蒙版和剪贴蒙版的用法。

实训练习

1. 利用图层及调节图层制作"逼真倒影"，参考效果如图3-60所示。
2. 利用快速蒙版抠选少女，制作"花仙子"效果，如图3-61所示。

图3-60 "逼真倒影"

图3-61 "花仙子"效果

第4单元
绘画与填充

本单元主要学习画笔工具及画笔调板的使用以及历史记录画笔和历史记录艺术画笔工具的用法，同时了解铅笔工具的使用，以便灵活使用画笔工具绘制水彩画；同时，还要学习渐变工具及油漆桶工具的使用方法。

本单元包括以下2个项目。

项目1　绘制"开学了"水彩画

项目2　绘制电脑显示器

项目 1　绘制"开学了"水彩画

项目描述

在一个风和日丽的早上，新学期开始了，小朋友们高兴地相约一起去学校，他们调皮地追逐着蝴蝶在嬉戏，啊，开学了！你能否用画笔将这个场景描述出来？试一试！参考效果如图 4-1 所示。

图 4-1　水彩画效果

项目分析

使用画笔工具和铅笔工具，灵活进行画笔调板的设置，在背景图片上绘制草丛、太阳和蝴蝶，利用选区工具绘制边框，绘制时一定要注意画中各元素的大小、位置，尽量使水彩画具有艺术感。本项目可分解为以下任务：

- 打开素材图片并合成。
- 绘制草地与草丛。
- 绘制太阳和蝴蝶。
- 绘制边框。

项目目标

- 掌握画笔工具的用法。
- 掌握画笔调板的参数设置。
- 掌握画笔的载入。

任务 1　打开素材图片并合成

操作步骤

（1）执行"文件"→"新建"命令，打开"新建"对话框，新建一个名称为"开学了"，大小为600×400像素，RGB模式，背景为白色的文件，如图 4-2 所示。

（2）单击"确定"按钮，新建一空白文档。设置前景色为蜡笔青 RGB（126，206，244），背景色为白色，执行"滤镜"→"渲染"→"云彩"命令，给背景制作蓝天，如图 4-3 所示。

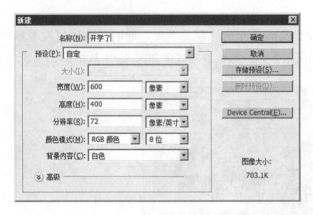

图 4-2　"新建"对话框

图 4-3　制作背景

（3）按"Ctrl＋O"快捷键依次打开素材图片"上学 1. psd""上学 2. psd"和"上学 3. psd"，如图4-4所示。

图 4-4　素材图片

（4）单击"移动工具" ，依次将素材图片拖曳到背景的右侧，产生"图层 1""图层 1""图层 3"，将图层重命名为"人物 1""人物 2""人物 3"，如图 4-5 所示，按"Ctrl＋T"快捷键调整素材图片大小和位置，效果如图 4-6 所示。

图 4-5　图层调板

图 4-6　移动并调整人物

任务 2　绘制草地与草丛

操作步骤

（1）单击图层调板下方的"创建新图层按钮"，新建一个图层并将其命名为"草地"。利用"椭圆选框工具"绘制草地选区，设置前景色为纯黄绿 RGB（34，172，56），按"Alt＋Delete"组合键填充前景色，效果如图 4-7 所示，按"Ctrl＋D"快捷键取消选区。

图 4-7　绘制草地

（2）设置前景色为深绿色 RGB（48，125，8），背景色为浅绿色 RGB（85，180，18）。单击"画笔工具"，在选项栏中单击"切换画笔面板"按钮，弹出"画笔"面板，选择"画笔笔尖形状"选项，切换到相应的调板并进行参数设置，如图 4-8 所示。

（3）选择"颜色动态"选项，切换到相应的面板并进行参数设置，如图 4-9 所示。

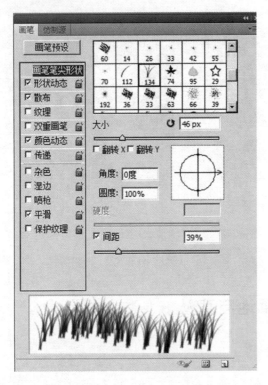

图 4-8　"画笔"面板

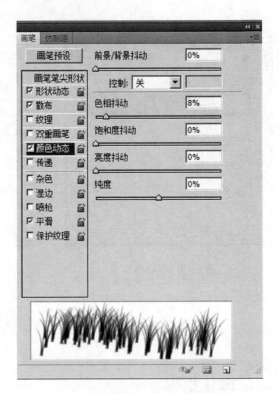

图 4-9　"画笔"面板之颜色动态

（4）单击图层调板下方的"创建新图层按钮"，新建一个图层并将其命名为"草"，在选项栏设置笔尖大小为 46 像素，然后在图像窗口中拖曳鼠标，绘制草地，效果如图 4-10 所示。

图 4-10　用画笔绘制小草

（5）设置前景色为草绿色 RGB（32，111，0），背景色为浅绿色 RGB（70，170，16）。单击"画笔工具"，在选项栏中单击"切换画笔面板"按钮，弹出"画笔"面板，选择"画笔笔尖形状"选项，切换到相应的面板并进行设置，如图 4-11 所示。在图像窗口中拖曳鼠标，绘制草地图形，效果如图 4-12 所示。

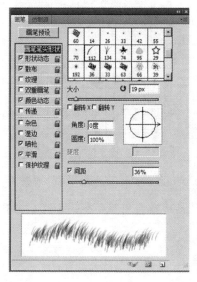

图 4-11　画笔设置

图 4-12　用画笔绘制草地

 # 知识百科

一、画笔工具

"画笔工具" 可以在空白的画布中使用前景色绘制线条，也可以修改蒙版和通道，对图像进行再创作。掌握好"画笔工具"的使用可以使设计的作品更精彩。

"画笔工具"选项栏如图 4-13 所示。

图 4-13　"画笔工具"选项栏

"画笔"选项用于选择预设的画笔。

"模式"选项用于选择混合模式，用"喷枪工具"操作时，选择不同的模式，将产生丰富的效果。

"不透明度"选项可以设定画笔的不透明度。

"流量"选项用于设定喷笔压力，压力越大，喷色越浓。

"启用喷枪模式"按钮，可以选择喷枪效果。

"绘图板压力控制透明度"按钮与"绘图板压力控制大小"按钮：只有当电脑连接上数位板才起作用。控制数位板画笔的大小和不透明度。

二、使用画笔

单击"画笔工具"，在选项栏中设置画笔属性，如图 4-14 所示。然后就可以使用"画笔工具"在画布中单击并拖动鼠标进行绘制。

图 4-14　设置画笔

三、选择画笔

在"画笔工具"的选项栏中选择画笔：单击"画笔"选项右侧的
"画笔预设"选取器按钮▼，可打开如图4-15所示的"画笔预设"
面板，在此面板中可以选择画笔形状。

拖曳"大小"选项下的滑块或输入数值可以设置画笔大小。如果
选择的画笔是基于样本的，将显示"恢复到原始大小"按钮 ↻。单击
"恢复到原始大小"按钮 ↻，可以使画笔的直径恢复到初始的大小。

【贴心提示】 按下 Shift 键时使用画笔，可以绘制水平线和垂
直线。

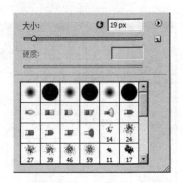

图4-15 "画笔预设"面板

单击"画笔预设"面板右上方的 ▶ 按钮，将弹出面板菜单，选择"描边缩览图"命令，如图4-16所
示，画笔的显示效果如图4-17所示。

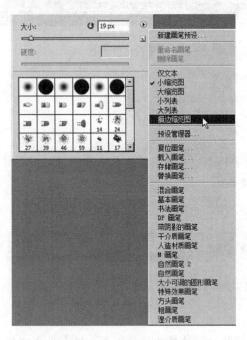

图4-16 "选择画笔"面板菜单

图4-17 画笔显示效果

"画笔预设"面板菜单中各命令功能如下：

"新建画笔预设"命令：用于建立新画笔。

"重命名画笔"命令：用于重新命名画笔。

"删除画笔"命令：用于删除当前选中的画笔。

"仅文本"命令：以文字描述方式显示画笔选择窗口。

"小缩览图"命令：以小图标方式显示画笔选择窗口。

"大缩览图"命令：以大图标方式显示画笔选择窗口。

"小列表"命令：以小文字和图标列表方式显示画笔选择窗口。

"大列表"命令：以大文字和图标列表方式显示画笔选择窗口。

"描边缩览图"命令：以笔划的方式显示画笔选择窗口。

"预设管理图"命令：用于在弹出的预置管理器对话框中编辑画笔。

"复位画笔"命令：用于恢复默认状态画笔。

"载入画笔"命令：用于将存储的画笔载入面板。

"存储画笔"命令：用于将当前的画笔进行存储。

"替换画笔"命令：用于载入新画笔并替换当前画笔。

在"画笔预设"面板中单击"从此画笔创建新的预设"按钮，将打开"画笔名称"对话框，如图 4-18 所示，创建新的预设画笔。

图 4-18　"画笔名称"对话框

四、设置画笔

单击"画笔工具"选项栏中的"切换画笔面板"按钮，打开如图 4-19 所示的"画笔"面板。

【贴心提示】　按"["键，可以使画笔头减小，按"]"键，可以使画笔头增大。按"Shift+["键或"Shift+]"键可以减小或增大画笔头的硬度。

在画笔面板中，单击"画笔笔尖形状"选项，如图 4-19 所示，在此可以设置画笔的形状。

其中：

"大小"选项：用于设置画笔的大小。

"恢复到原始大小"按钮：可以使画笔的大小恢复到初始大小。

"角度"选项：用于设置画笔的倾斜角度。不同倾斜角度的画笔绘制的线条效果如图 4-20 和图 4-21 所示。

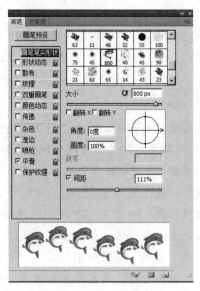

图 4-19　画笔面板

图 4-20　角度值为 0

图 4-21　角度值为 45

"圆度"选项：用于设置画笔的圆滑度，在右侧的预视窗口中可以观察和调整画笔的角度和圆滑度。不同圆滑度的画笔绘制的线条效果如图 4-22 和图 4-23 所示。

图 4-22　圆度为 100

图 4-23　圆度为 15

"硬度"选项：用于设置画笔所绘制图像的边缘的柔化程度。硬度的数值用百分比表示。不同硬度的画笔绘制的线条效果如图 4-24 和图 4-25 所示。

图4-24 硬度为100　　　　　　　　　　　　图4-25 硬度为0

"间距"选项：用于设置画笔绘制的标记点之间的间隔距离。不同间隔的画笔绘制的线条效果如图4-26和图4-27所示。

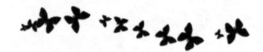　　　　

图4-26 间距为25　　　　　　　　　　　　图4-27 间距为100

【贴心提示】　　"画笔笔尖形状"主要用于设置画笔的笔尖形状；"控制"选项下的"渐隐"是以指定数量的步长渐隐元素，每个步长等于画笔笔尖的一个笔迹，该值的范围为1—9999。

在画笔面板中，单击"形状动态"选项，如图4-28所示，"形状动态"选项可以增加画笔的动态效果。

其中："大小抖动"选项：用于设置动态元素的自由随机度。数值设置为100％时，画笔绘制的元素会出现最大的自由随机度，如图4-29所示；数值设置为0％时，画笔绘制的元素没有变化，如图4-30所示。

在"控制"选项的下拉菜单中可以选择关、渐隐、钢笔压力、钢笔斜度、光笔轮和旋转6个选项。各个选项可以控制动态元素的变化。

图4-28 "形状动态"选项

图4-29 大小抖动＋角度抖动　　　　　　　　图4-30 角度抖动

例如：选择"渐隐"选项，在其右侧的数值框中输入数值10，将"最小直径"选项设置为100，画笔绘制的效果如图4-31所示；将"最小直径"选项设置为10，画笔绘制的效果如图4-32所示。

图4-31 最小直径为100　　　　　　　　　　图4-32 最小直径为10

"最小直径"选项：用来设置画笔标记点的最小尺寸。

"倾斜缩放比例"选项：可以设置画笔的倾斜比例。在使用数位板时此选项才有效。

"角度抖动"选项：用于设置画笔在绘制线条的过程中标记点角度的动态变化效果；在"控制"选项的下拉菜单中，可以选择各个选项来控制抖动角度的变化。设置不同抖动角度数值后，画笔绘制的效果如图 4-33 和图 4-34 所示。

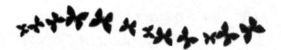

图 4-33　角度抖动为 10　　　　　　　　图 4-34　角度抖动为 50

"圆度抖动"选项：用于设置画笔在绘制线条的过程中标记点圆度的动态变化效果；在"控制"选项的弹出菜单中，可以通过选择各个选项来控制圆度抖动的变化，设置不同圆度抖动数值后，画笔绘制的效果如图 4-35 所示和图 4-36 所示。

图 4-35　圆度抖动为 0　　　　　　　　图 4-36　圆度抖动为 50

图 4-37　"散布"选项

"最小圆度"选项：用于设置画笔标记点的最小圆度。

在画笔面板中，单击"散布"选项，面板如图 4-37 所示，"散布"选项可以用于设置画笔绘制的线条中标记点的分布效果。

其中：

"两轴"选项：不选中该选项，画笔的标记点的分布与画笔绘制的线条方向垂直，效果如图 4-38 所示；选中该选项，画笔标记点将以放射状分布，效果如图 4-39 所示。

"数量"选项：用于设置每个空间间隔中画笔标记点的数量。设置不同数量的数值后，画笔绘制的效果如图 4-40 和图 4-41 所示。

"数量抖动"选项：用于设置每个空间间隔中画笔标记点的数量变化。在"控制"选项的弹出菜单中可以选择各个选项，来控制数量抖动的变化。

图 4-38　不选两轴　　　　　　　　　图 4-39　选取两轴

图 4-40　设置数量为 1　　　　　　　图 4-41　设置数量为 5

在画笔面板中，单击"纹理"选项，面板如图4-42所示，"纹理"选项可以使画笔纹理化。

其中：

"缩放"选项：用于设置图案的缩放比例。

"为每个笔尖设置纹理"选项：用于设置是否分别对每个标记点进行渲染。选择此项，其下面的"最小深度"和"深度抖动"选项变为可用。

"模式"选项：用于设置画笔和图案之间的混合模式。

"深度"选项：用于设置画笔混合图案的深度。

"最小深度"选项：用于设置画笔混合图案的最小深度。

"深度抖动"选项：用于设置画笔混合图案的深度变化。设置不同的纹理数值后，画笔绘制的效果如图4-43和图4-44所示。

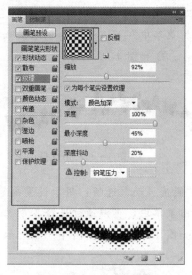

图4-42　"纹理"选项

图4-43　鱼眼棋盘

图4-44　Bubbles

在画笔面板中，单击"双重画笔"选项，如图4-45所示，双重画笔效果就是两种画笔效果的混合。

其中：

"模式"选项的弹出菜单中，可以选择两种画笔的混合模式。在画笔预视框中选择一种画笔作为第二个画笔。

"大小"选项：用于设置第二个画笔的大小。

"间距"选项：用于设置第二个画笔在所绘制的线条中标记点的分布效果。不勾选"两轴"选项，画笔的标记点的分布与画笔绘制的线条方向垂直。选中"两轴"选项，画笔标记点将以放射状分布。

"数量"选项：用于设置每个空间间隔中第二个画笔标记点的数量。

选择第一个画笔 17 后绘制的效果，如图4-46所示。选择第二个画笔 134 并对其进行设置后，绘制的双重画笔混合效果如图4-47所示。

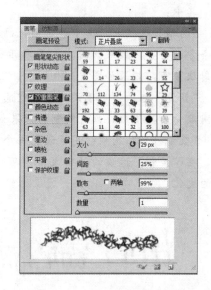

图4-45　"双重画笔"选项

图4-46　单个画笔

图4-47　混合画笔

在画笔面板中，单击"颜色动态"选项，如图 4-48 所示，"颜色动态"选项用于设置画笔绘制的过程中颜色的动态变化情况。

其中：

"前景/背景抖动"选项：用于设置画笔绘制的线条在前景色和背景色之间的动态变化。

"色相抖动"选项：用于设置画笔绘制线条的色相动态变化范围。

"饱和度抖动"选项：用于设置画笔绘制线条的饱和度的动态范围。

"纯度"选项：用于设置颜色的纯度。

设置不同的颜色动态数值后，画笔绘制的效果如图 4-49 和图 4-50 所示。

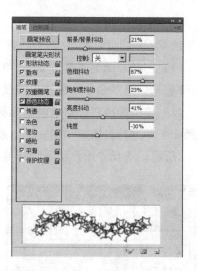

图 4-48　"动态颜色"选项

图 4-49　纯度调整

图 4-50　饱和度调整

任务 3　绘制太阳和蝴蝶

操作步骤

（1）将前景色设为浅红色 RGB（241，28，29），单击"画笔工具"，在选项栏中单击画笔选项右侧的按钮，在弹出的"画笔选择"面板中选择画笔形状为"柔角"，设置"大小"为 120px，"硬度"为 60%，如图 4-51 所示。

（2）在图像窗口左上角处单击鼠标绘制太阳图像，效果如图 4-52 所示。

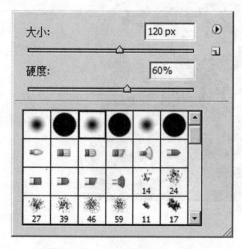

图 4-51　"画笔选择"面板

图 4-52　绘制太阳

（3）单击"图层"调板下方的"创建新图层"按钮，新建图层并将其命名为"蝴蝶"。设置前景色为浅黄色RGB（241，247，209），背景色为橙色RGB（246，118，8）。

（4）选择"画笔工具" ，单击"画笔选择"面板右上方的 按钮，在其弹出的下拉菜单中选择"特殊效果画笔"命令，在弹出的提示框中单击"确定"按钮，载入该类画笔。

（5）单击选项栏"切换画笔面板"按钮 ，弹出画笔面板，选择"画笔笔尖形状"选项，切换到相应的面板并进行设置，如图4-53所示。选择"形状动态"选项，切换到相应面板进行参数设置，如图4-54所示，选择"颜色动态"选项，切换到相应的面板并进行设置，如图4-55所示。

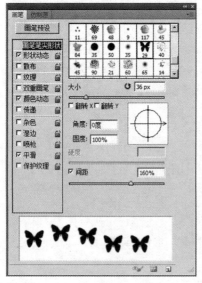 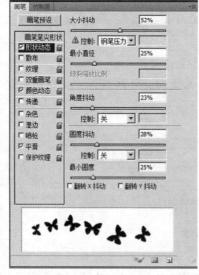 

图4-53 "画笔笔尖形状"选项　　　图4-54 "形状动态"选项　　　图4-55 "动态颜色"选项

（6）在图像窗口中多次单击鼠标，绘制蝴蝶图形，效果如图4-56所示。

图4-56 绘制蝴蝶

知识百科

一、画笔的载入

单击"画笔选择"面板右上角的 ▶ 按钮，在其弹出的菜单中选择"载入画笔"命令，打开"载入"对话框。选择"预置画笔"文件夹，将显示 12 个类型的可以载入的画笔。选择需要的画笔，单击"载入"按钮，将画笔载入。

或者在菜单底部选择所需画笔类型，如图 4 - 57 所示，在弹出的提示框中单击"确定"按钮或"追加"按钮即可载入选择的画笔。打开画笔面板可以看到载入的新画笔，如图 4 - 58 所示。

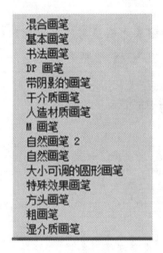

图 4 - 57 　画笔类型

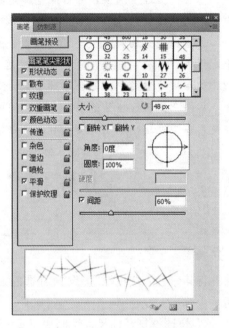

图 4 - 58 　载入的新画笔

二、其他画笔选项

在画笔调板中，单击"传递"选项，如图 4 - 59 所示，在此用来确定色彩在描边路线中的改变方式。

其中：

"不透明度抖动"和"控制"选项：用于指定画笔描边中油彩不透明度如何变化，最高值是工具选项栏中指定的不透明度值。要指定油彩不透明度可以修改百分比，直接输入数字或拖动滑块进行设置。要指定希望如何控制画笔笔迹的不透明度变化，可以从"控制"下拉列表中选择一个选项来控制不透明度抖动。

"流量抖动"和"控制"选项：用于指定画笔描边中油彩流量如何变化，最高值为工具选项栏中指定的流量值。要指定油彩流量通过修改百分比进行，直接输入数字或拖动滑块来设置。要想指定希望如何控制画笔笔迹的流量变化，可以从"控制"下拉列表中选择一个选项来控制流量抖动。

图 4 - 60 所示为未使用传递画笔和使用传递画笔的效果。

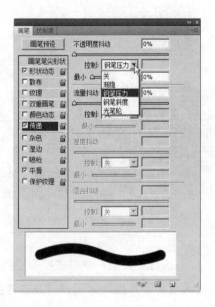

图 4 - 59 　"传递"选项

图4-60 未使用传递画笔（左）和使用传递画笔（右）效果

在画笔面板中，单击"杂色"选项，可以为个别画笔笔尖增加额外的随机性。当应用于"柔角"画笔笔尖时，该选项最有效。

在画笔面板中，单击"湿边"选项，可沿画笔描边的边缘增大颜色量，从而创建水彩效果。

在画笔面板中，单击"喷枪"选项，可将渐变色调应用于图像，同时模拟传统的喷枪技术。它画笔选项栏中的"喷枪"选项功能一致。

在画笔面板中，单击"平滑"选项，可在画笔描边中生成更平滑的曲线。当使用光笔进行快速绘画时，该选项最有效，但在描边渲染中可能会导致轻微的滞后。

在画笔面板中，单击"保护纹理"选项，可将相同图案和缩放比例应用于具有纹理的所有画笔预设。选择该选项后，在使用多个纹理画笔笔尖绘画时，可以模拟出一致的画布纹理。

任务4 绘制边框

操作步骤

（1）新建图层并将其命名为"边框"，设置前景色为黑色，按"Ctrl＋A"快捷键，图像周围生成选区，如图4-61所示。

（2）按"Ctrl＋R"快捷键打开标尺，绘制如图4-62所示的参考线。

图4-61 选取全部图像

图4-62 绘制参考线

（3）执行"视图"→"锁定参考线"命令将参考线锁定，单击"矩形选框工具" ，在选项栏单击"从选区减去"按钮 ，沿参考线边缘拖曳鼠标绘制如图4-63所示矩形选区。

（4）按"Alt＋Delete"组合键，用前景色填充选区。按"Ctrl＋D"组合键，取消选区，执行"视图"→"清除参考线"命令将参考线去除，效果如图4-64所示。

图 4-63　绘制矩形选区

图 4-64　填充黑色

（5）在图层调板上设置"边框"图层的"不透明度"为 10%，效果如图 4-65 所示。

图 4-65　调整图层透明度

（6）按"Ctrl+S"快捷键，保存绘制的水彩画，最终效果如图 4-1 所示。

 **知识百科**

辅助工具的使用

　　Photoshop 提供了很多编辑图像的辅助工具，其中包括标尺、参考线、网格等。这些辅助工具不能编辑图像，但能够帮助用户更好地完成选择、定位或编辑图像。

　　1. 标尺

　　Photoshop 的标尺可以帮助确定图像或元素的位置，起到辅助定位的作用。执行"视图"→"标尺"命令，即可在图像编辑窗口的顶部和左侧显示标尺。

　　下面通过一个案例了解如何使用标尺来辅助定位。

　　（1）执行"文件"→"打开"命令，打开素材图片"自然.jpg"，如图 4-66 所示。

　　（2）执行"视图"→"标尺"命令，打开标尺，如图 4-67 所示，此时移动光标，标尺内的标记就会显示光标精确的位置。

图 4-66　打开的素材图片

图 4-67　打开标尺

（3）将光标移到图像窗口的左上角位置，如图 4-68 所示，按下鼠标左键向下拖动，调整标尺的原点位置，即（0，0）位置，如图 4-69 所示，可以清楚地看到图像的高度和宽度。

图 4-68　土洞原点位置

图 4-69　调整后原点位置

（4）在图像窗口左上角标尺位置双击，可以恢复原点位置为原始位置即屏幕左上角的位置。

（5）按下空格键，暂时切换到抓手工具，移动图像的位置和左上角对齐，如图 4-70 所示，此时也能清楚读取图像的属性。

图 4-70　抓手工具辅助定位

【贴心提示】　在定位原点的过程中，按住 Shift 键可使标尺原点对齐标尺刻度。标尺的快捷键为"Ctrl＋R"。另外，根据不同需求，常常需要选择不同的测量单位。在标尺上单击鼠标右键，即可弹出测量单位选择菜单，选择任意单位，即可完成标尺单位的转换。

2. 参考线

显示标尺后，可以从标尺中拖出参考线，实现更为精确的定位。

下面通过一个实例了解参考线的作用。

（1）执行"文件"→"新建"命令，新建一个 Photoshop 文档，如图 4－71 所示。显示标尺，将鼠标光标移动到水平标尺上，按下鼠标左键向下拖动，拖出一条水平参考线，如图 4－72 所示。

图 4－71　新建文档

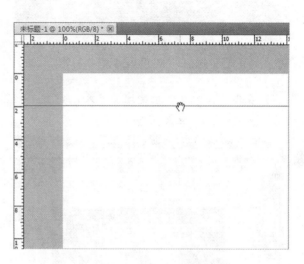

图 4－72　拖出水平参考线

（2）以同样的方法，将光标移动到垂直标尺上，拖出一条垂直参考线，如图 4－73 所示。最后以同样的方法拖出另外两条参考线，如图 4－74 所示。

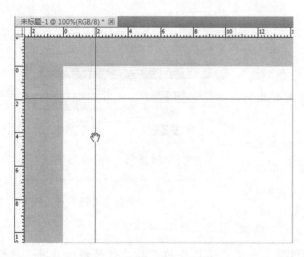

图 4－73　拖出垂直参考线

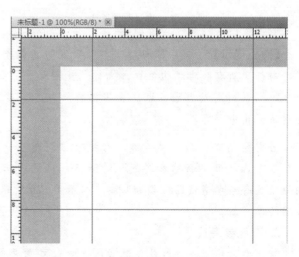

图 4－74　拖出其他参考线

（3）执行"文件"→"置入"命令，置入素材图片"女孩.jpg"，如图 4－75 所示。拖动图片四周控制点，调整图片大小，如图 4－76 所示。

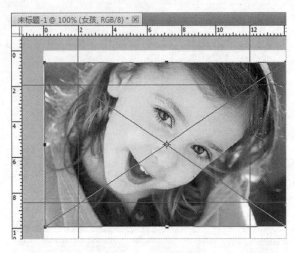

图 4-75　置入图像

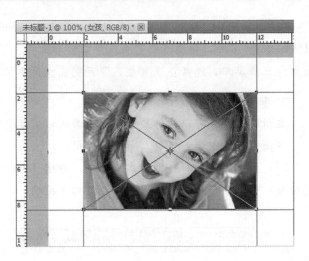

图 4-76　调整图片大小

（4）在图片上双击，确定图像置入，如图 4-77 所示。执行"视图"→"清除参考线"命令，将参考线清除，如图 4-78 所示。

图 4-77　确定图像置入

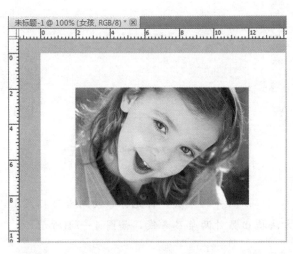

图 4-78　清除参考线

【贴心提示】　使用"移动工具"可以随意调整参考线的位置，当确定所有参考线的位置，执行"视图"→"锁定参考线"命令，可以锁定参考线，以防止错误移动。当需要取消锁定时再次执行该命令即可。

若需要创建精确的参考线，可执行"视图"→"新建参考线"命令，打开"新建参考线"对话框，在该对话框中可以精确地设置每条参考线的位置和取向，如图 4-79 所示，从而创建精确的参考线。

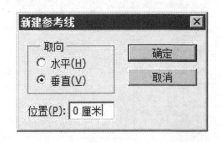

图 4-79　"新建参考线"对话框

3. 智能参考线

智能参考线是一种智能化参考线，它仅在需要时出现。当用户使用移动工具进行移动操作时，通过智能参考线可以对齐形状、切片和选区。

（1）双击编辑窗口，弹出"打开"对话框，打开图片"对齐.jpg"，如图 4-80 所示。执行"视图"→"显示"→"智能参考线"命令，显示智能参考线。

（2）使用"移动工具"在打开的图片中最后一个图标上单击并向上拖动，此时可以看到智能参考线，如图 4-81 所示。调整效果如图 4-82 所示。

图 4-80　打开素材图片　　　　　图 4-81　显示智能参考线　　　　　图 4-82　调整效果

4. 网格

网格的作用是对准线，它可以把画布平均分成若干块同样大小的方格，有利于作图时的对齐操作。当执行"视图"→"显示"→"网格"命令时，图像窗口上将显示网格，如图 4-83 所示。

图 4-83　网格显示前（左）后（右）

【贴心提示】　网格的颜色、样式、网格线间隔和子网格的数量都可以在首选项"参考线、网格和切片"选项下设置。

5. 注释工具

使用"注释工具" ![icon] 可以在图像的任何位置添加文本注释，标记一些制作信息或其他有用的信息。

单击工具箱的"注释工具" ![icon]，在制作好的图像需要注释的位置处单击，添加一个注释，如图 4-84 所示。在弹出的注释面板中输入要注释的内容，即可完成注释的添加，如图 4-85 所示。

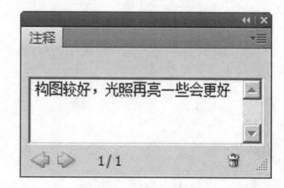

图 4-84　添加注释　　　　　　　　图 4-85　输入注释内容

若想删除注释，可以用鼠标指向要删除的注释，单击鼠标右键，在弹出的快捷菜单中选择"删除注释"即可，或者直接按 Delete 键删除选中的注释。

　　在 Photoshop 中，执行"文件"→"导入"→"注释"命令，可以将 PDF 文件中的注释内容直接导入图像中。

（项目小结）

　　画笔工具是绘制图形的主要工具，常应用于个人绘制各类画作，利用它能够更充分地展现个人的创作才华。本项目主要学习了用"画笔工具"绘制水彩画的方法。通过不同笔尖的画笔工具的选择和参数设置来绘制漂亮的水彩画也是一种享受。

项目 2　绘制电脑显示器

项目描述

在信息高速发展的今天，每天我们都要面对电脑屏幕，拥有一个金属质感的电脑显示器该是很惬意的事，那么就动手绘制一个吧！参考效果如图 4-86 所示。

图 4-86　"电脑显示器"效果图

项目分析

利用"渐变工具"制作背景，然后再利用"渐变工具"的几种填充方式制作金属质感的电脑显示屏的四个边框、按钮和底座，再按照图层的叠放次序即合成了电脑显示屏。本项目可分解为以下任务：

- 制作背景。
- 绘制显示器边框。
- 绘制显示器按钮。
- 绘制显示器底座。
- 绘制阴影。

项目目标

- 掌握渐变工具的用法。
- 掌握渐变编辑器的设置方法。
- 掌握几种填充方法。

任务 1　制作背景并载入图片

操作步骤

（1）执行"文件"→"新建"命令，打开"新建"对话框，新建一个名称为"电脑显示器"，大小为 500×400 像素，RGB 模式，背景为白色的文件，如图 4 - 87 所示。

（2）单击"确定"按钮，新建一空白文件，设置前景色为天蓝色 RGB（10，178，244），背景色为白色，单击工具箱的"渐变工具" ，在工具选项栏上按下"线性渐变"按钮 ，在画布上使用鼠标从左到右画一条横线，将背景填充为蓝白渐变色，如图 4 - 88 所示。

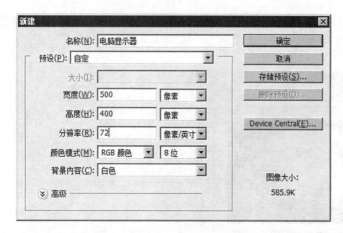

图 4 - 87　"新建"对话框　　　　　　　　　　图 4 - 88　填充背景

（3）执行"文件"→"打开"命令，打开素材图片"女孩 . jpg"，执行"选择"→"全部"命令，将图片全选，使用"移动工具" 将图片移至背景图片上，如图 4 - 89 所示。

（4）执行"编辑"→"自由变换"命令，调出变换框，按 Shift 键等比例缩小图片到合适大小，按 Enter 键确认变换，用作电脑桌面图片，如图 4 - 90 所示。

图 4 - 89　载入图片　　　　　　　　　　　　图 4 - 90　调整图片大小

知识百科

渐变工具

利用工具箱中的"渐变工具"  可以给图像或图像中的选区内填充两种以上颜色过渡的混合色。这个混合色可以是前景色与背景色的过渡，也可以是其他各种颜色间的过渡。

1. 渐变工具的使用

使用"渐变工具"时，先绘制需要填充渐变效果的选区，然后单击工具箱内的"渐变工具"按钮 ，在选区内按住鼠标左键拖曳，画出一条两端带加号的渐变线，就可以给图像中的选区填充渐变色。如果图像中没有选区，则是对整个图像填充渐变色。

【贴心提示】　　在拖曳鼠标时按下 Shift 键，可以保证渐变的方向是水平、垂直或者 45°角。

2. 渐变工具的选项栏

渐变工具的选项栏如图 4-91 所示。

图 4-91　"渐变工具"选项栏

这里：

"渐变编辑"按钮 ：单击其右侧的下拉三角 ，将打开"渐变拾色器"调板，可从中选择需要填充的渐变色，如图 4-92 所示。

"渐变拾色器"调板中的第一个样式为系统的默认渐变色，即前景色到背景色的渐变。

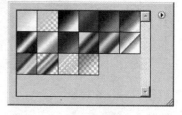

图 4-92　"渐变拾色器"调板

"渐变填充方式"按钮 ：可产生 5 种不同的渐变效果。

线性渐变 ：形成从起点到终点的直线渐变效果，起点是单击鼠标开始拖曳的点，终点是松开鼠标左键的点。

径向渐变 ：形成由鼠标光标起点为中心，从起点到终点为半径的圆形渐变效果。

角度渐变 ：形成以鼠标光标起点为中心，从起点到终点为半径顺时针方向旋转的渐变效果。

对称渐变 ：形成从起点向两侧对称的直线渐变效果。

菱形渐变 ：形成从起点到终点的菱形渐变效果。

各种渐变填充方式效果如图 4-93 所示。

图 4-93　各种渐变填充方式效果

模式：用来设置渐变色与背景图像的混合方式。

不透明度：用来设置渐变的不透明程度。渐变的明显程度随着数值的变化而变化。

反向：选择该项，渐变填充中的颜色顺序将会颠倒。

仿色：选择该项，可使渐变色的过渡更加自然。

透明区域：用于产生不透明度。

任务 2　绘制显示器边框

操作步骤

（1）单击图层调板的"创建新图层"按钮 🖺，新建一图层"图层 2"。单击"矩形选框工具" ⬚，绘制一个长度和宽度如图 4-94 所示的矩形选区。

图 4-94　绘制矩形选区

（2）执行"窗口"→"色板"命令，打开"色板"调板，如图 4-95 所示。单击"渐变工具" ▦，在工具选项栏上按下"点按可编辑渐变"按钮 ▦，打开"渐变编辑器"窗口，设置色带开始颜色为"色板"调板中的"50％灰色"，结束颜色为"色板"调板中的"10％灰色"，如图 4-96 所示。

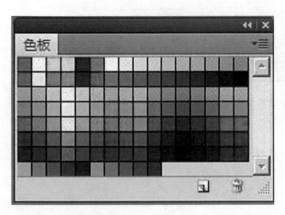

图 4-95　"色板"调板

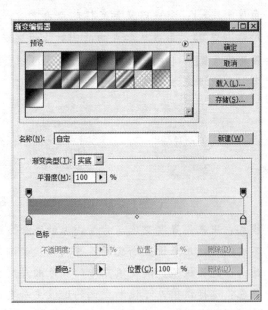

图 4-96　"渐变编辑器"对话框

（3）单击"确定"按钮，在工具选项栏上按下"线性渐变"按钮■，从下往上填充选区，按"Ctrl＋D"快捷键取消选区，单击图层调板底部的"添加图层样式"按钮*fx.*，为绘制的图形添加"外发光"样式，效果如图 4－97 所示。

（4）复制下边框所在的图层，并执行"编辑"→"变换"→"垂直翻转"命令，然后按下 Shift 键，使用"移动工具"▶╋将其垂直向上移至图片上方，作为上边框，效果如图 4－98 所示。

图 4－97　下边框效果　　　　　　　　　　　　图 4－98　上边框效果

（5）再次复制下边框所在的图层，并执行"编辑"→"变换"→"旋转 90 度（逆时针）"命令将其逆时针旋转 90°，再依次执行"编辑"→"变换"→"透视"命令和"编辑"→"变换"→"缩放"命令进行调整，将其作为右边框，效果如图 4－99 所示。

（6）复制右边框所在的图层，并执行"编辑"→"变换"→"水平翻转"命令，按 Shift 键同时使用"移动工具"▶╋将其水平向左移至图片左边，将其作为左边框，效果如图 4－100 所示。

图 4－99　右边框效果　　　　　　　　　　　　图 4－100　左边框效果

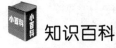
知识百科

"渐变编辑器"的基本操作

单击"渐变编辑"按钮▭▾左侧颜色部分，打开"渐变编辑器"对话框，如图 4－101 所示，可以对渐变颜色进行重新编辑，以得到自己需要的渐变色。

单击"预设"栏中的渐变样式缩略图，可选中该样式。

在"色带"的上方单击，可以添加一个不透明度色标按钮。

在"色带"的下方单击，可以添加一个颜色色标按钮。

在"色带"中有 3 个及 3 个以上颜色色标按钮或不透明度色标按钮时，将鼠标光标移动到色标按钮上，按下鼠标左键向上或向下拖曳，即可删除该按钮。

在相邻两种颜色色标或不透明度色标之间可由"中间标志"◇设置分界线。其位置可拖曳鼠标或输入位置参数来完成。

【贴心提示】 色标的"位置"参数越大，渐变的半径越大。

单击 新建(W) 按钮，可将"渐变编辑器"中当前色带的设置添加到预设栏中，建立一个新的渐变项。

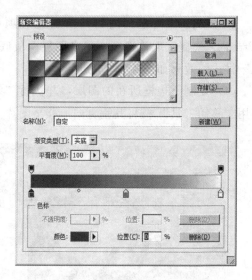

图 4-101 "渐变编辑器"对话框

单击 确定 按钮，将确认在"渐变编辑器"对话框中所做的设置。

单击 取消 按钮，将取消在"渐变编辑器"对话框中所做的设置。

单击 存储(S)... 按钮，可以存储新建的渐变条，在弹出的"存储"对话框中输入名称，单击"确定"按钮即可。

单击 载入(L)... 按钮，可以载入存储的渐变颜色，在弹出的"载入"对话框选择载入之前保存的渐变颜色。

任务 3　绘制显示器按钮

操作步骤

（1）单击图层调板的"创建新图层"按钮，新建一图层"图层 3"。单击"椭圆选框工具"，同时按 Shift 键，绘制一个正圆形选区，单击"渐变工具"，并按下工具选项栏的"径向渐变"按钮，对选区进行径向渐变填充，得到一个圆形按钮。

（2）单击图层调板底部的"添加图层样式"按钮，依次为按钮添加投影、外发光、斜面和浮雕样式，参数默认，效果如图 4-102 所示。

（3）连续 6 次复制该按钮所在图层，依次利用"移动工具"将每个按钮移至合适的位置，对于最右端按钮，选中其所在图层，按"Ctrl+T"快捷键将其适当变大，按钮效果如图 4-103 所示。

图 4-102　绘制按钮效果

图 4-103　全部按钮效果

任务4 绘制显示器底座

操作步骤

（1）单击"渐变工具" ，在工具选项栏上按下"点按可编辑渐变"按钮，打开"渐变编辑器"窗口，从左至右色标颜色分别设置为 RGB（125，125，125）、RGB（220，220，220）和 RGB（125，125，125），如图4-104所示。

（2）单击图层调板的"创建新图层"按钮，新建一图层"图层4"，使用"椭圆选框工具" 绘制一椭圆选区，按下工具选项栏的"角度渐变"按钮，对选区进行角度渐变填充，绘制出底座的雏形，效果如图4-105所示。

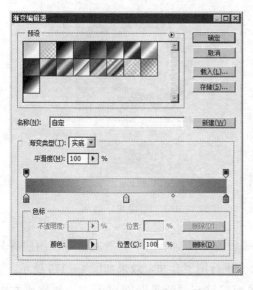

图4-104 "渐变编辑器"对话框　　　　　　图4-105 底座雏形

【贴心提示】 用"角度渐变"填充选区时，会出现一条突兀的线。编辑渐变时，将色带两端的颜色色标定义成相同的颜色，即可避免这种现象。

（3）执行"编辑"→"描边"命令，打开"描边"对话框，设置"宽度"为1px，颜色为 RGB（97，98，101），"居外"，如图4-106所示。

（4）单击"确定"按钮，连续按键盘上的"上移键"4次，按"Shift＋Ctrl＋I"组合键反向选取选区，如图4-107所示。

（5）同时按下"Ctrl＋Alt＋Shift"键并在该图层上单击鼠标，载入选区，按"Alt＋Delete"组合键给选区填充前景色，按"Ctrl＋D"快捷键取消选区，下层底座绘制完毕，效果如图4-108所示。

（6）对底座所在图层进行复制，形成一副本图层，按"Ctrl＋T"快捷键对副本图层进行自由变换，在选项栏的"W"和"H"文本框均输入70%，对其进行缩小，上层底座绘制完毕，如图4-109所示。

图 4-106　"描边"对话框

图 4-107　上移并反选选区

图 4-108　下层底座效果

图 4-109　上层底座效果

（7）利用"移动工具" ，将上层底座移至合适位置，然后按 Ctrl 键单击上、下底座所在图层将其选中，单击鼠标右键，在弹出的快捷菜单中选择"合并图层"命令进行图层合并，效果如图 4-110 所示。

（8）利用"移动工具" ，调整图层位置，将底座所在图层移至"背景"图层上方，使底座在电脑屏幕下方，如图 4-111 所示。

图 4-110　底座最终效果

图 4-111　调整底座位置

任务 5 绘制阴影

操作步骤

（1）设置前景色为"30％灰色"，将除了"背景"层以外的图层隐藏，单击图层调板的"创建新图层"按钮 ，新建一图层"图层 5"，利用"矩形选框工具" 绘制一矩形选区，执行"编辑"→"变换"→"斜切"命令调整阴影的形状，按"Ctrl＋D"快捷键取消选区，效果如图 4－112 所示。

（2）执行"滤镜"→"模糊"→"高斯模糊"命令，打开"高斯模糊"对话框，设置"半径"为 10，如图 4－113 所示。

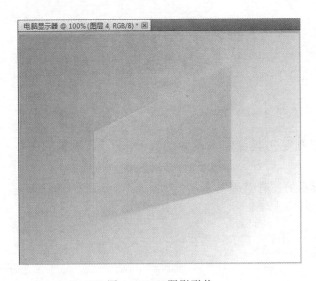

图 4－112 阴影形状

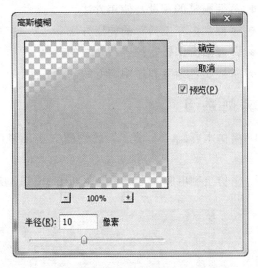

图 4－113 "高斯模糊"对话框

（3）单击"确定"按钮对阴影图层执行高斯模糊，效果如图 4－114 所示。将所有隐藏图层显示，使用"移动工具" 将阴影所在图层移至底座所在图层上方，效果如图 4－115 所示。

（4）按"Ctrl＋S"快捷键，保存绘制好的电脑显示器。

图 4－114 高斯模糊效果

图 4－115 移动阴影位置

项目小结

　　本项目介绍了给选区填充两个以上颜色的方法。通过电脑显示器的制作学习了渐变工具的使用，该工具可以通过线性渐变、径向渐变、角度渐变、对称渐变、菱形渐变产生不同的渐变效果。通过"渐变编辑器"来设置渐变样式可以产生不同的渐变效果。

单元小结

本单元共完成 2 个项目，完成后应达到以下知识目标。

- 掌握"画笔工具"的使用方法。
- 掌握画笔调板的各项参数的设置。
- 掌握画笔的预设及使用方法。
- 掌握"渐变工具"的使用方法。
- 掌握渐变编辑器的各项参数的设置。
- 掌握实色渐变和透明渐变的创建方法。

实训练习

　　1. 模仿水彩画"上学了"的绘制方法，使用画笔工具绘制水彩画"秋天来了"，效果如图 4 – 116 所示。

　　2. 模仿绘制电脑的方法，绘制如图 4 – 117 所示的"青苹果"。

图 4 – 116　"秋天来了"效果

图 4 – 117　"青苹果"效果

第 5 单元
修饰和润色

　　图像的修饰与润色是日常生活中经常会用到的，Photoshop 提供了一些修饰图像和为图像润色的工具，可以轻松地对图像进行修饰操作。本单元主要学习"修复工具"组及"图章工具""模糊工具""锐化工具""涂抹工具""减淡工具""加深工具"和"海绵工具"等修饰和渲染工具的使用方法和通过调整图层进行润色的方法。熟练掌握这些工具能够快速地对要修复润色的图像进行处理，从而提高工作效率。

　　本单元包括以下 2 个项目。

　　项目 1　去除人物脸部瑕疵

　　项目 2　去除图像的污渍

项目 1　去除人物脸部瑕疵

项目描述

拍摄艺术照片时，人物面部的缺陷往往无法避免，如脸部的雀斑、青春痘、眼袋、细纹等，这些问题就要依靠照相馆中的相关技术人员对拍摄的照片进行后期的处理。那么我们能像照相馆里的技师一样把照片美化到自己想要的效果吗？我们不妨试一试。参考效果如图 5-1 所示。

图 5-1　照片原图（左）修饰后的效果（右）

项目分析

首先运用"污点修复画笔工具"去除眼袋和皱纹，运用"修复画笔工具"去除雀斑，然后进行曲线调整，调整图像的亮度，即可实现修饰平滑年轻肌肤的效果。

本项目可分解为以下任务：

● 清除面部的瑕疵。

● 美白肌肤。

项目目标

● 掌握修复画笔工具的用法。

● 掌握调节工具的适应。

任务 1　清除面部的瑕疵

操作步骤

（1）执行"文件"→"打开"命令，在弹出的"打开"对话框中选择素材图片"老年人.tif"，此时的图片效果及"图层"调板如图 5-2 所示。

（2）右击"背景"图层，在弹出的快捷菜单中选择"复制图层"命令，打开"复制图层"对话框，单击"确定"按钮复制出"背景副本"图层，如图 5-3 所示。

图 5-2　打开的图片及图层调板

图 5-3　复制图层

（3）单击"污点修复画笔工具" ，在属性栏设置"画笔大小"为 19 像素，"类型"点选内容识别，勾选"对所有图层取样"，拖动鼠标去除人物脸部的眼袋和皱纹，如图 5-4 所示。

（4）继续使用"污点修复画笔工具" ，拖动鼠标去除其余的眼袋和皱纹，效果如图 5-5 所示。

图 5-4　去除眼袋及皱纹

图 5-5　去除眼袋皱纹效果

【贴心提示】 使用"仿制图章工具" 🔲，按住 Alt 键取样，然后拖动鼠标进行涂抹，同样可以去除眼袋和皱纹。

（5）单击"修复画笔工具" ✏️，在属性栏设置"画笔大小"为 30 像素，按住 Alt 键不放，在皮肤洁净处单击鼠标取样，然后释放 Alt 键，拖动鼠标涂抹额头有雀斑的地方，去除人物额头的雀斑，效果如图 5-6 所示。

图 5-6 去除额头雀斑

 **知识百科**

一、修图工具

在 Photoshop 中常用的修图工具有：污点修复画笔工具、修复画笔工具、修补工具、红眼工具、仿制图章工具、图案图章工具、颜色替换工具，对于复杂的修图，有时还需要使用调色和渐变工具。

1. 污点修复画笔工具

"污点修复画笔工具" ✏️ 可以快速修复图像中的瑕疵和其他不理想的地方，使用时只需在有瑕疵的地方单击鼠标或拖动鼠标进行涂抹即可消除瑕疵。

"污点修复画笔工具"可以快速修除图像中的污点或不理想部分。它不需要指定样本点，能自动从所修饰区域的周围取样。

启用"污点修复画笔工具"，只需在工具箱中单击"污点修复画笔工具"按钮 ✏️ 即可。

"污点修复画笔工具"的选项栏如图 5-7 所示。

| ✏️ ▾ | ⚫ 19 ▾ | 模式： 正常 ▾ | 类型： ○ 近似匹配 ○ 创建纹理 ⊙ 内容识别 □ 对所有图层取样 | ◎ |

图 5-7 "污点修复画笔工具"选项栏

画笔：用来选择修复画笔的大小。单击"画笔"选项右侧的下拉按钮，在弹出的"画笔"面板中，可以设置画笔的直径、硬度、间距、角度、圆度和大小，如图5-8所示。

模式：用来选择修复画笔的颜色与底图的混合模式。

近似匹配：使用选区边缘的像素来查找用作选定区域修补的图像区域。

创建纹理：使用选区中的所有像素创建一个用于修复该区域的纹理。

具体实用方法如下。

（1）双击工作区，打开如图5-9所示的素材图片。

（2）单击工具箱的"污点修复画笔工具" ，在属性栏中单击画笔按钮 旁边的下三角，打开"画笔"选取器，如图5-10所示，在此设置画笔大小。

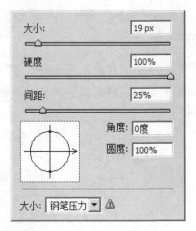

图5-8 "画笔"面板

图5-9 打开素材图片

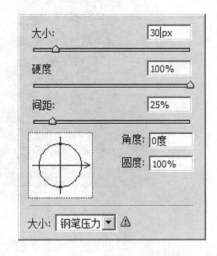

图5-10 "画笔"选取器

（3）在图片上有文字的地方拖动鼠标进行涂抹，如图5-11所示，此时图像中的文字就被自动修复，效果如图5-12所示。

图5-11 涂抹文字

图5-12 修复效果

2. 修复画笔工具

"修复画笔工具" 可以区域性修复图像中的瑕疵，能够让修复的图像与周围图像的像素完美匹配，使样本图像的纹理、透明度、光照和阴影进行交融，修复后的图像不留痕迹地融入图像的其余部分。

具体实用方法如下。

（1）双击工作区，打开如图 5-13 所示的素材图片。

（2）单击工具箱的"修复画笔工具" ，在属性栏中单击画笔按钮 ● 旁边的下三角，打开"画笔"选取器，如图 5-14 所示，在此设置画笔大小。

图 5-13　打开素材图片

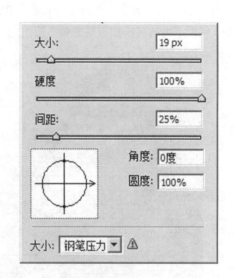

图 5-14　"画笔"选取器

（3）按住 Alt 键的同时在图片上需要清除的青春痘旁边干净的地方单击鼠标取样，然后释放 Alt 键，在青春痘上单击鼠标即可清除青春痘，如图 5-15 所示，使用同样的方法修复图像上另外的青春痘，效果如图 5-16 所示。

图 5-15　去除青春痘

图 5-16　最终效果

【贴心提示】　在图像中需要修复的位置单击鼠标，复制取样点的图像时，可反复单击鼠标复制样本，直到满意为止。

任务2　美白肌肤

操作步骤

（1）单击"磁性套索工具"，在图片中沿脸部和手部的皮肤制作选区，如图5-17所示。

（2）按"Ctrl+J"快捷键复制选区生成"图层1"，按Ctrl键，单击"图层1"的图层缩览图载入选区，单击"图层"调板下方的"添加图层蒙版"按钮，为"图层1"添加蒙版，此时图层调板如图5-18所示。

图5-17　绘制选区

图5-18　添加蒙版

（3）单击"通道"调板中的"图层1蒙版"通道，蒙版调板及效果如图5-19所示。

（4）单击"画笔工具"，在属性栏上设置"画笔"为柔边圆30像素，"不透明度"为80%，"流量"为50%，拖动鼠标涂抹面部和手部边缘处，效果如图5-20所示。

图5-19　蒙版调板及效果

图5-20　涂抹边缘效果

（5）按Ctrl键，单击"图层1"的蒙版缩览图载入选区，效果如图5-21所示。

（6）单击"图层"调板下方的"创建新的填充和调整图层"按钮，在弹出的快捷菜单中选择"曲线"命令，打开"调整曲线"调板，向上调整曲线，如图 5-22 所示，此时图层调板如图 5-23 所示，图片效果如图 5-24 所示。

图 5-21　载入选区

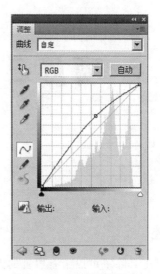

图 5-22　调整曲线调板

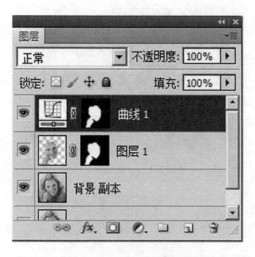

图 5-23　曲线调整图层

图 5-24　最终图片效果

（7）执行"文件"→"存储"命令，在弹出的"存储为"对话框中以"修饰平滑年轻肌肤.psd"为文件名保存文件。

（项目小结）

　　修饰图像是 Photoshop 的重要功能，通过本项目的学习学会使用"污点修复画笔工具"和"修复画笔工具"去除皮肤上的瑕疵，通过调整图层来美白肌肤，希望在今后的学习和实践中进一步灵活使用这些工具。

项目 2 去除图像的污渍

项目描述

图像的修复工具除了可以给有瑕疵的人物进行形象美化，还可以对有瑕疵的照片进行修复处理工作，譬如照片的扶正，修复去除照片上多余的元素，对照片进行调色等后期处理。由于保存照片不当，照片上沾满污渍，如何去除？试一试，参考效果如图 5-25 所示。

图 5-25　照片原图（左）修补后的效果（右）

项目分析

首先运用"磁性套索工具"制作选区，再运用"仿制图章工具"覆盖选区上的污点，然后运用"污点修复画笔工具"修复图像下方的污点，最后灵活运用"修复画笔工具"和"修补工具"修复脸部和衣服上的污点，即可去除整个图像上的污渍。

● 修补照片背景。
● 修补脸部及衣物。

项目目标

● 掌握"修补工具"和"仿制图章工具"的用法。
● 复习以前所学工具的使用。

任务 1 修补照片背景

🖱 **操作步骤**

（1）执行"文件"→"打开"命令，在弹出的"打开"对话框中选择素材图片"婚纱照.jpg"，单击"打开"按钮打开选择的图片，如图 5-26 所示。

图 5-26 打开的素材图片

（2）将"背景"图层拖至图层调板下方的"创建新图层"按钮 🔲 上，复制出"背景副本"图层。选择"多边形套索工具" 🔽 绘制如图 5-27 所示的选区，再选择"仿制图章工具" 🔳，设置"大小"为 50，按住 Alt 键不放，在图像的右上区域单击鼠标取样，然后释放 Alt 键，在选区中拖曳鼠标，效果如图 5-28 所示。

图 5-27 在图像上绘制选区

图 5-28 修复效果

知识百科

在 Photoshop 中常用的修图工具除了污点修复画笔工具和修复画笔工具外，还有仿制图章工具。

"仿制图章工具"可以从图像中取样并将样本应用到其他图像或同一图像的其他部分；另外，仿制图章工具还可以用于修复图片的构图，保留图片的边缘和图像。

"仿制图章工具"以指定的像素点为复制基准点，将其周围的图像复制到其他地方。启用"仿制图章工具"，只需在工具箱中单击"仿制图章工具"按钮🖋️即可。

"仿制图章工具"的选项栏如图 5-29 所示。

图 5-29   "仿制图章工具"选项栏

画笔：用于选择画笔。

模式：用于选择混合模式。

不透明度：用于设置透明度。

流量：用于设置扩散的速度。

对齐：用于控制是否在复制时使用对齐功能。

具体的使用方法如下：

（1）双击工作区，打开如图 5-30 所示的"狮子王.jpg"素材图片。

（2）单击"仿制图章工具"🖋️，在属性栏上设置画笔"大小"为 90px，按住 Alt 键不放，在图像中单击鼠标取样，释放 Alt 键。

（3）执行"文件"→"打开"命令，再打开如图 5-31 所示的"T 恤.jpg"素材图片。

（4）在"T 恤"图片的中间进行涂抹，不断向外扩充，仿制出取样处的图案，效果如图 5-32 所示。

图 5-30 打开素材"狮子王"　　　　图 5-31 打开素材"T 恤"　　　　图 5-32 涂抹效果

任务 2   修补脸部及衣物

🖱️ 操作步骤

（1）按"Ctrl+D"快捷键取消选区，使用"污点修复画笔工具"🖌️，设置画笔大小为 30，在图像下方进行修复，如图 5-33 所示，以去除裙子上的污渍，效果如图 5-34 所示。

图 5-33　去除下方的污点　　　　　图 5-34　去除裙子上的污渍

（2）使用"修复画笔工具" ，设置画笔大小为 10，按住 Alt 键不放，在脸部污点旁边单击鼠标取样，然后释放 Alt 键，在图像的脸部污点处单击，去除脸部污渍。对于大块的污渍，可以选择"修补工具" ，点选"源"单选框，绘制污点选区，将选区移至干净处即可，取消选区，脸部污渍去除效果如图 5-35 所示。

（3）同样方法，灵活使用"修复画笔工具" 和"修补工具" ，去除图像衣服上的污渍，如图 5-36 所示，最终效果如图 5-37 所示。

图 5-35　脸部去污效果　　　　　图 5-36　去除衣服上的污点　　　　　图 5-37　去除衣服污点效果

（4）执行"文件"→"存储"命令，在弹出的"存储为"对话框中以"去除图像的污点.psd"为文件名保存文件。

 知识百科

修补工具

修补工具是使用图像中其他区域或图案中的内容来修复选区中的内容，与修复画笔工具不同的是，修补工具是通过选区来修复图像。

使用"修补工具"需要先绘制一个和"套索工具"一样的选取范围，也就是"补丁范围"。然后拖动鼠标将这个补丁选区拖动到需要复制图像的位置后释放鼠标，这样该位置的图像就会被复制出来。启用

"修补工具"，只须在工具箱中单击"修补工具"按钮 ▓ 即可。

"修补工具"的选项栏如图2-38所示。

图5-38   "修补工具"选项栏

修补选区方式选项 ▢▢▢▢ ，选项中各按钮的功能同"选框工具"组。

源：启用此单选框时，用"修补工具"移至选区内，按下鼠标可将选区拖动到图像中任何地方，松手后即将目的地的像素，复制到原选区所在地进行修补。再按"Ctrl＋D"键取消选择，修补完成。

目标：启用此单选框时，用"修补工具"移至选区内，按下鼠标可将选区拖动到图像中任何地方，松手后即将原选区所在地的像素，复制到新目的地进行修补。再按"Ctrl＋D"键取消选择，修补完成。

使用图案：将选择好的图案应用到选区。单击右边的箭头可选择系统预置的图案，按下"使用图案"按钮，无论选择"源"或"目的"，系统都会用选中的图案复制到图像选区内进行修补。

具体适应方法如下。

（1）双击工作区，打开如图5-39所示的素材图片。

（2）单击"修补工具" ▓ ，在属性栏上点选"源"单选框，在图像文字处绘制任意形状的选区，如图5-40所示。

（3）拖动选区向左下移动到没有纹身的区域，释放鼠标后用其他区域的内容修补选区的内容，从而去除纹身，按"Ctrl＋D"快捷键，取消选区，效果如图5-41所示。

图5-39   打开素材   图5-40   绘制选区   图5-41   去除文字

项目小结

本项目主要介绍了利用"修补工具"和"仿制图章工具"以及前面所学的"修复画笔工具"结合起来去除照片喷溅的污渍，选择不同的工具及不同的属性设置会有不一样的效果，灵活运用这些工具是做好图像修饰的关键。

单元小结

● 掌握修复画笔工具、修补工具、污点修复画笔工具、历史记录画笔工具、历史记录艺术画笔工具的使用方法。

- 掌握复制图像工具，比如仿制图章工具和图案图章工具的使用方法。
- 熟练掌握利用修复画笔工具和修补工具美化照片的方法。
- 熟练掌握利用修复工具和渲染工具修饰照片的方法。

实训练习

1. 利用修复图像工具将如图 5 - 42 所示的人物脸上的文字清除，并对其修饰，使图像看起来焕然一新，修饰后的效果如图 5 - 43 所示。

图 5 - 42　人物脸部修复前　　　　　　　　图 5 - 43　人物脸部修复后

2. 外出旅游时照相纪念是在所难免的，但由于景区游客很多，照片往往会有多余的人存在，在照片的后期处理中需要使用 Photoshop 中的工具去除多余的人。现有如图 5 - 44 所示的照片，试着去除多余的人，参考效果如图 5 - 45 所示。

操作提示：对于小片区域使用修复画笔工具或修补工具进行修复操作，对于大片区域使用仿制图章工具进行修复操作。

图 5 - 44　照片　　　　　　　　　　　图 5 - 45　去除多余的人后效果

第6单元
滤镜的应用

本单元主要介绍滤镜的含义及作用的对象，重点介绍各种滤镜的使用方法以及图像的抽出与液化变形，要求掌握内置滤镜的使用方法和外挂滤镜的安装与使用方法。

本单元包括以下2个项目。

项目1　制作"大雪纷飞"效果

项目2　制作"咖啡漩涡"效果

项目 **1**　制作"大雪纷飞"效果

项目描述

刚才还是晴空万里，怎么瞬间就大雪纷飞了？老天爷变脸真快，效果如图 6-1 所示。

图 6-1　原图像（左）和"大雪纷飞"效果（右）

项目分析

首先，在原图像上利用滤镜的"点状化"命令制造雪花，然后分别利用滤镜的"动感模糊"和"锐化"命令让雪花飞舞起来，使雪花更形象一些；最后设置图层混合模式，最终完成图像的合成。本项目可分解为以下任务：

- 修改图像色调。
- 制作雪花。
- 制造雪花飞舞效果。
- 完成图像合成。

项目目标

- 认识滤镜的功能和含义。
- 掌握内置滤镜的使用方法。

任务 1　修改图像色调

操作步骤

（1）执行击"文件"→"打开"命令，打开素材图片"雪景"，如图6-2所示。

（2）复制背景图层，选取"背景副本"图层，在"图层"调板单击"创建新的填充或调整图层"按钮，在弹出的下拉菜单中选取"色彩平衡"，打开"色彩平衡"对话框，将滑块分别移向青色和蓝色方向，改变图像色彩为青蓝色，如图6-3所示。

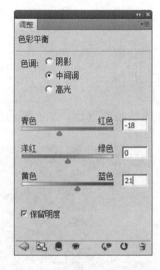

图6-2　素材图片"雪景"　　　　　　　图6-3　"色彩平衡"面板

（3）执行"滤镜"→"杂色"→"添加杂色"命令，打开"添加杂色"对话框，设置参数为"数量：8％"，"分布选择：高斯分布"，如图6-4所示。

（4）单击"确定"按钮，在"图层"调板中将混合模式设定为"柔光"，"不透明度：80％"，如图6-5所示，效果如图6-6所示。

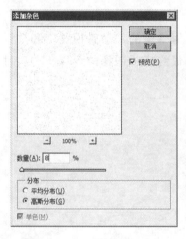

图6-4　"添加杂色"对话框　　　图6-5　设定混合模式　　　图6-6　滤镜及混合模式效果

知识百科

一、滤镜的含义

滤镜能够产生许多光怪陆离、变幻万千的特殊效果。滤镜是 Photoshop 中功能最丰富、效果最奇特而使用又最简单的工具之一。Adobe 提供的滤镜显示在"滤镜"菜单中，第三方开发商提供的外挂滤镜在安装后会出现在"滤镜"菜单的底部。

某些图层应用了智能滤镜并不会对图层本身造成破坏，原因在于智能滤镜作为图层效果存储在"图层"调板中，并且可以利用智能对象中包含的原始图像数据随时重新调整这些滤镜。

在"图层"调板上选中一个图层，通过如图 6-7 所示的方法可将图层转换为智能对象。

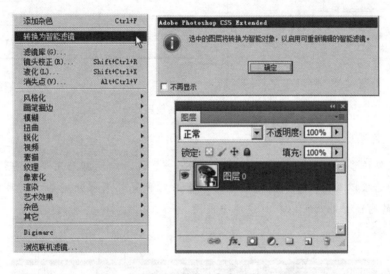

图 6-7 将图层转换为智能滤镜的步骤

二、滤镜作用的对象

滤镜只能应用于当前可视图层，并对所选择的区域进行处理。如果没有选定区域，则对整个图层做处理。如果只选中某一通道，则只对当前的通道起作用。滤镜对完全透明的区域没有作用。文字一定要变成了图形才能应用滤镜。

所有的滤镜都能应用于 8 位 RGB 模式的图像；对于 CMYK 模式、Lab 模式、多通道模式、灰度模式、双色调模式和 16 位 RGB 模式的图像，某些滤镜不起作用；滤镜不能应用于位图模式和索引颜色模式的图像。

三、滤镜的使用方法

这里以"添加杂色"为例来介绍滤镜的使用方法。

（1）打开一幅图，使用"滤镜"→"杂色"→"添加杂色"命令，打开"添加杂色"对话框，设置参数如图 6-8 所示。

（2）在弹出的"添加杂色"对话框中，一边看着预览窗口，一边调整各个参数的值，当出现所需的效果时，单击"确定"按钮。

（3）上次使用的滤镜将出现在"滤镜"菜单的第一行，可以通过重复执行此命令（或者按下"Ctrl＋F"键），强化滤镜效果。如果需要进一步调整各项参数，须重新打开对话框进行设置，可以按下"Ctrl＋Alt＋F"键完成。

（4）如果想淡化一下滤镜的效果，执行"编辑"→"渐隐添加杂色"命令（或者按"Shift＋Ctrl＋F"键），弹出"渐隐"对话框，如图 6-8 所示，调整不透明度和模式后单击"确定"按钮。

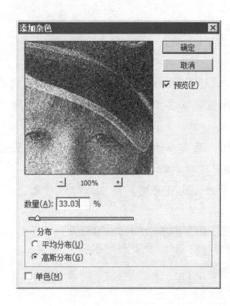

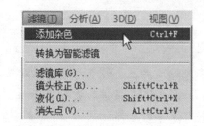

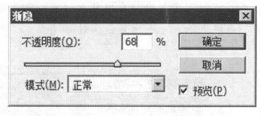

图6-8 滤镜的使用

四、滤镜库

（1）滤镜库可提供许多特殊效果滤镜的预览，如图6-9所示。可以应用多个滤镜、打开或关闭滤镜的效果，复位滤镜的选项以及更改应用滤镜的顺序。如果对预览效果感到满意，则可以将它应用于图像。"滤镜"菜单下所有的滤镜并非都可以在滤镜库中使用。

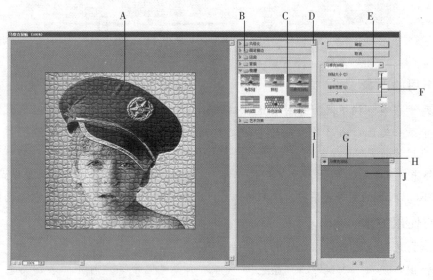

A. 预览　B. 滤镜类别　C. 所选滤镜的缩览图　D. 显示/隐藏滤镜缩览图　E. "滤镜"弹出式菜单　F. 所选滤镜的选项
G. 要应用或排列的滤镜效果的列表　H. 已选中但尚未应用的滤镜效果　I. 已累积应用但尚未选中的滤镜效果　J. 隐藏的滤镜效果

图6-9 "滤镜库"对话框

（2）从滤镜库应用滤镜。滤镜效果是按照它们的选择顺序应用的。在应用滤镜之后，可通过在已应用的滤镜列表（G）中将滤镜名称拖动到另一个位置来重新排列它们。重新排列滤镜效果可显著改变图像的外观。单击滤镜旁边的眼睛图标 ，可在预览图像中隐藏效果。还可以通过选择滤镜并单击"删除"图标 来删除已应用的滤镜。要累积应用滤镜，单击"新建效果图层"图标 ，并选取要应用的另一个滤镜。重复此过程以添加其他滤镜。

任务 2　制作雪花

操作步骤

选取"背景副本"图层为当前图层，执行"滤镜"→"像素化"→"点状化"命令，打开"点状化"对话框，设置"单元格大小"为 5，如图 6-10 所示。单击"确定"按钮，效果如图 6-11 所示。

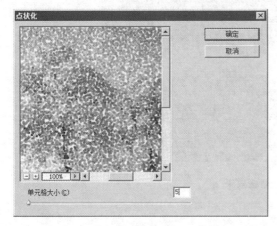

图 6-10　"点状化"对话框

图 6-11　"点状化"滤镜效果

任务 3　制造雪花飞舞效果

操作步骤

（1）执行"滤镜"→"模糊"→"动感模糊"命令，在打开的"动感模糊"对话框中设置"角度"为 75 度，"距离"为 6，如图 6-12 所示。单击"确定"按钮，效果如图 6-13 所示。

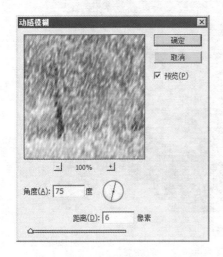

图 6-12　"动感模糊"对话框

图 6-13　"动感模糊"滤镜效果

（2）按"Ctrl＋Shift＋U"组合键，去除图层中图像的颜色，然后执行"滤镜"→"锐化"→"锐化"命令将图像进行锐化，效果如图6-14所示。

图6-14　"锐化"滤镜效果

知识百科

一、内置滤镜

在 Photoshop 中自带内置滤镜有 300 余种，根据功能相近的原则划分为 13 大类。由于篇幅有限，这里我们只简述各个滤镜的特点，对于其参数设置由读者自己总结。

1. 艺术效果滤镜

艺术效果滤镜是通过对图像进行处理，使它看起来像传统的手工绘画，或者像天然生成的效果。艺术效果滤镜共有 15 个。例如：通过使用"粗糙蜡笔"滤镜之前（左图）和之后（右图）对比，如图6-15所示。

图6-15　使用"粗糙蜡笔"滤镜前后对比效果

（1）彩色铅笔滤镜：该滤镜能够用各种颜色的铅笔在单一颜色的背景上沿某一特定的方向勾画图像。重要的边缘使用粗糙的画笔勾勒，单一颜色区域将被背景色代替。对于人物，应用该滤镜会产生类似卡通人物的效果。

（2）木刻滤镜：该滤镜能减少图像原有的颜色，类似的颜色用同一颜色代替，将使图像产生木刻、剪纸效果，像是用彩色纸片精心拼贴的彩纸图。

（3）干画笔滤镜：该滤镜模仿使用颜料快用完的毛笔作画，笔迹的边缘断断续续、若有若无，产生一种干枯的油画效果。

（4）胶片颗粒滤镜：该滤镜能够在给原图像加上一些杂色的同时，调均暗色调和中间色调。它可以产生一种类似胶片颗粒的纹理效果，使图像看起来如同早期的摄影作品。

（5）壁画滤镜：该滤镜能将相近的颜色以单一的颜色代替并加上粗糙的颜色边缘，最终形成类似于古壁画的斑点效果。

（6）霓虹灯光滤镜：该滤镜模拟霓虹灯光照射图像的效果，而图像背景将用前景色填充。

（7）绘画涂抹滤镜：该滤镜产生类似于在未干的画布上进行涂抹而形成的模糊效果。

（8）调色刀滤镜：该滤镜能减少图像中的细节以生成描绘得很淡的画布效果，可以显示出下面的纹理，表现出利用调色刀调整油画颜料的感觉。

（9）塑料包装滤镜：该滤镜使得图像产生表面好像蒙着一层塑料薄膜一样，从而强调细节。

（10）海报边缘滤镜：该滤镜的作用是增加图像对比度并沿边缘的细微层次加上黑色，能够产生具有招贴画边缘效果的图像，也有点木刻画的近似效果。

（11）粗糙蜡笔滤镜：该滤镜可以产生在粗糙物体表面（即纹理）上绘制图像的效果。该滤镜既带有内置的纹理，又允许用户调用其他文件作为纹理使用。

（12）涂抹棒滤镜：该滤镜可以产生使用粗糙物体在图像进行涂抹的效果。从美术工作者的角度来看，它能够模拟在纸上涂抹粉笔画或蜡笔画的效果。

（13）海绵滤镜：该滤镜可以模拟在纸张上用海绵轻轻扑颜料的画法，产生图像浸湿后被颜料洇开的效果。

（14）底纹效果滤镜：该滤镜能够产生具有纹理的图像，看起来图像好像是从背面画出来的。

（15）水彩滤镜：该滤镜可以描绘出图像中景物形状，同时简化颜色，进而产生水彩画的效果。该滤镜的缺点是会使图像中的深颜色变得更深，效果比较沉闷，而真正的水彩画特征通常是浅颜色。

【贴心提示】　艺术效果滤镜不能应用在 CMYK 和 Lab 模式下。

2. 模糊滤镜

模糊滤镜作用是使选区或图层变得模糊，淡化图像中不同色彩的边界，以掩盖图像的缺陷或创造出特殊效果，模糊滤镜共有 11 个。例如：可以通过模糊图像的一部分来强调图片中的主题，使用"镜头模糊"滤镜之前（左图）和之后（右图）对比，如图 6-16 所示。这里只简述几个常用的模糊滤镜。

（1）动感模糊滤镜：该滤镜模仿拍摄运动物体的手法，将运动主体或背景做沿某一方向运动而产生的动感模糊效果，营造速度感，参数有 2 个：角度和距离。

（2）高斯模糊滤镜：最常用到的一个滤镜。该滤镜可根据数值快速地模糊图像，产生很好的朦胧效果。高斯曲线是指对像素进行加权平均时所产生的钟形曲线。

（3）径向模糊滤镜：该滤镜可以产生具有辐射性模糊的效果，即模拟相机前后移动或旋转产生的模糊效果。

（4）镜头模糊：该滤镜使用深度映射来确定像素在图像中的位置。可以使用 Alpha 通道和图层蒙版来创建深度映射；Alpha 通道中的黑色区域被视为好像它们位于照片的前面，白色区域被视为好像它们位于远处的位置。

（5）模糊滤镜：该滤镜使图像变得模糊一些，其能去除图像中明显的边缘或非常轻度的柔和边缘，如同在照相机的镜头前加入柔光镜所产生的效果。"进一步模糊"滤镜的效果比"模糊"滤镜强三到四倍。

图 6-16 使用"镜头模糊"滤镜后背景模糊但是前景仍很清晰

（6）特殊模糊滤镜：该滤镜对图像进行更为精确而且可控制的模糊处理，可以减少图像中的褶皱模糊或除去图像中多余的边缘。

3. 画笔描边滤镜

画笔描边滤镜主要是通过向图像中添加颗粒、绘画、杂色、边缘细节或纹理，模拟使用不同的画笔和油墨描边，创造出艺术绘画风格的效果。画笔描边滤镜共有 8 个。使用"阴影线"滤镜之前（左图）和之后（右图）对比，如图 6-17 所示。

图 6-17 使用"阴影线"滤镜前后对比效果

（1）强化的边缘滤镜：该滤镜类似于我们使用彩色笔来勾画图像边界而形成的效果，使图像有一个比较明显的边界线。

（2）成角的线条滤镜：该滤镜使用成角的线条重新绘制图像，用一个方向的线条绘制图像的亮区，用相反方向的线条绘制暗区。其效果类似于我们使用画笔按某一角度在画布上用油画颜料所涂画出的斜线，线条修长、笔触锋利比较好看。

（3）阴影线滤镜：该滤镜可以产生具有十字交叉线网格风格的图像，就如同我们在粗糙的画布上使用笔刷画出十字交叉线作画时所产生的效果一样，给人一种随意编制的感觉。

（4）深色线条滤镜：该滤镜用短的黑色线条描绘图像的暗区，用长的白色线条绘制图像中的亮区。

（5）油墨轮廓滤镜：该滤镜可以用圆滑的细线重新描绘图像的细节，使图像产生钢笔油墨化的风格。

（6）喷溅滤镜：该滤镜可以产生如同在画面上喷洒水后形成的效果，或有一种被雨水打湿的视觉效果。

（7）喷色描边滤镜：该滤镜可以产生一种按一定方向喷洒水花的效果，画面看起来有如被雨水冲刷过一样。其效果与喷溅滤镜的很相似，但比喷溅滤镜产生的效果更均匀一些。

（8）烟灰墨滤镜：该滤镜以日本画的风格来描绘图像，看起来像是用蘸满黑色油墨的湿画笔在宣纸上绘画。

【贴心提示】　可以通过"滤镜库"来应用所有"画笔描边"滤镜，但"画笔描边"滤镜不能应用在CMYK 和 Lab 模式下。

4. 扭曲滤镜

扭曲滤镜对图像进行几何变形，创建三维或其他变形效果。扭曲滤镜共有 13 个，这些滤镜在运行时一般会占用较多的内存空间。使用"球面化"滤镜之前（左图）和之后（右图）对比，如图 6-18 所示。

图 6-18　使用"球面化"滤镜前（左图）后（右图）对比效果

（1）扩散亮光滤镜：该滤镜在图像中添加透明的背景色颗粒，形成光芒四射的辉光效果，有点像图像被火炉等灼热物体所烘烤而形成的效果。

（2）置换滤镜：该滤镜的作用是用另一幅 Photoshop 格式的图片中的颜色和形状来确定当前图像中图形的改变形式，可以产生弯曲、碎裂的图像效果。置换图必须是一幅 PSD 格式的图像。

（3）玻璃滤镜：玻璃滤镜的作用是使图像看上去如同隔着玻璃观看一样。

（4）海洋波纹滤镜：该滤镜为图像表面增加随机间隔的波纹，使图像产生海洋表面的波纹效果。

（5）挤压滤镜：该滤镜能模拟膨胀或挤压的效果。例如，可将它用于照片图像的校正，来减小或增大人物中的某一部分（如鼻子或嘴唇等）。

（6）极坐标滤镜：极坐标滤镜的作用是将图像围绕选区的中心进行弯曲变形，可将图像的坐标从平面坐标转换为极坐标或从极坐标转换为平面坐标。

（7）波纹滤镜：波纹滤镜的作用是将图像扭曲为细腻的波纹样式，产生波纹涟漪的效果。

（8）切变滤镜：该滤镜能根据用户在对话框中设置的垂直曲线来使图像发生扭曲变形，产生比较复杂的扭曲效果。

（9）镜头校正：该滤镜可修复图像透视和常见的镜头缺陷，如桶形和枕形失真、晕影和色差等。

（10）球面化滤镜：该滤镜的作用可以使选区中心的图像产生凸出或凹陷的球体效果，就有点像照哈哈镜，两者的作用效果正好相反。

（11）旋转扭曲滤镜：该滤镜可使图像产生类似于风轮旋转的效果，甚至可以产生将图像置于一个大旋涡中心的螺旋扭曲效果。

（12）波浪滤镜：该滤镜的作用是使图像产生波浪扭曲效果。

（13）水波滤镜：就好像将小石子投入平静的水面产生的涟漪效果。

【贴心提示】　可以通过"滤镜库"来应用扩散亮光、玻璃和海洋波纹滤镜，但扩散亮光滤镜、玻璃滤镜、海洋波纹滤镜不能应用于CMYK和Lab模式的图像。

5. 杂色滤镜

杂色滤镜可以用于去除图像中的杂点，如灰尘和划痕，还可以消除由扫描仪输入的图像中常有的斑点和折痕；而添加杂色滤镜则是通过在图像中加入一些杂色，创造出独特的效果。杂色滤镜共有5个。图6-19所示为使用"添加杂色"滤镜前（左图）和后（右图）对比。

图6-19　使用"添加杂色"滤镜前（左图）后（右图）对比效果

（1）添加杂色滤镜：该滤镜通过给图像增加一些细小的像素颗粒，使画面变得粗糙，产生色彩漫散的效果。

（2）去斑滤镜：该滤镜可以查找图像中颜色变化最大的区域，模糊除过渡以外的一切东西，其可以过滤噪点并且保持图像的细节。

（3）蒙尘与划痕滤镜：该滤镜适合对图像中的斑点和折痕进行处理，从而达到消除瑕疵的目的。这个滤镜很常用，多用它来处理扫描仪输入的图像。

（4）中间值滤镜：该滤镜也是一种用于去除杂色点的滤镜，可以减少图像中杂色的干扰，其在消除或减少图像的动感效果时非常有用。

（5）减少杂色滤镜：该滤镜同添加滤镜的作用相反，减少图像的杂色。

6. 像素化滤镜

像素化滤镜主要是将图像分成一定的区域，并将这些区域转变为相应的色块，再由色块构成图像，类似于色彩构成的效果。像素化滤镜共有 7 个。使用"晶格化"滤镜之前（左图）和之后（右图）对比，如图 6-20 所示。

图 6-20　使用"晶格化"滤镜前（左图）后（右图）对比效果

（1）彩色半调滤镜：该滤镜可以用一个大的网格屏蔽在图像的每一个通道上，将一个通道分解为若干个矩形，然后用圆形替换掉矩形，圆形的大小与矩形的亮度成正比，图像看起来类似铜版化效果。

（2）晶格化滤镜、点状化滤镜和马赛克滤镜：这三个滤镜的作用基本相同，都是将图像分解为许多小块。不同之处在于晶格化滤镜的小块是晶体，使图像产生像结晶一样的效果；点状化滤镜随机分布的网点，模拟点状绘画的效果；而马赛克滤镜的小块为方形块，产生马赛克效果。

（3）彩块化滤镜：该滤镜使图像中色彩相似的像素点归成色彩统一、大小和形状不同的色块，而产生类似宝石刻画的效果。

（4）碎片滤镜：该滤镜通过建立原始图像的 4 个副本，并将它们移位、平均，以生成一种不聚焦的效果，视觉上看则能表现出一种经受过振动但未完全破裂的效果。执行碎片命令后，图像会变得模糊，有重影。

（5）铜版雕刻滤镜：用黑白或颜色完全饱和的网点图案重新绘制图像，使图像产生一种镂刻的凹版画效，也能模拟出金属版画的效果。

7. 渲染滤镜

渲染滤镜主要用于不同程度地使图像产生三维造型效果或光线照射效果。渲染滤镜共有 5 个。图 6-21 所示为使用"光照效果"滤镜前（左图）后（右图）对比。

图 6-21　使用"光照效果"滤镜前（左图）后（右图）对比效果

（1）云彩滤镜：该滤镜是唯一能在空白透明层上工作的滤镜。其根据设定的前景色和背景色之间的随机像素值将图像转换成柔和的云彩效果。

（2）分层云彩滤镜：该滤镜可以使用前景色和背景色之间的随机像素值产生云彩的效果，并且将图像颜色投身，使其与云彩混合。如果连续使用这个滤镜多次可以达到大理石的效果。

（3）纤维滤镜：该滤镜是用前景色和背景色产生纤维状的质感。

（4）镜头光晕滤镜：该滤镜能够模仿摄影镜头朝向太阳时，明亮的光线射入照相机镜头后所拍摄到的效果。这是摄影技术中一种典型的光晕效果处理方法。

（5）光照效果滤镜：该滤镜是一个比较复杂的滤镜，可以在图像上制作各种光照效果（只能用于RGB文件）。其包括17种不同的光照风格、3种光照类型和4组光照属性，也可以加入新的纹理及浮雕效果等，使平面图像产生三维立体的效果。

8. 锐化滤镜

无论您的图像来自数码相机还是扫描仪，大多数图像都受益于锐化。所需的锐化程度取决于数码相机或扫描仪的品质，但锐化无法校正严重模糊的图像。锐化滤镜共有5个。使用"智能锐化"滤镜之前（左图）和之后（右图）对比，如图6-22所示。

图6-22　使用"智能锐化"滤镜前（左图）后（右图）对比效果

（1）锐化和进一步锐化滤镜：通过增强图像相邻像素的对比度来达到清晰图像的目的。锐化作用微小，进一步锐化作用较大。

（2）锐化边缘滤镜：该滤镜的作用与USM锐化滤镜的效果相同，只锐化图像的边缘，但不能调节参数。

（3）USM锐化滤镜：该滤镜作用是锐化滤镜中效果最强的，它可以改善图像边缘的清晰度，对于高分辨率的输出，通常锐化效果在屏幕上显示要比印刷出来更明显。

（4）智能锐化滤镜：该滤镜具有"USM锐化"滤镜所没有的锐化控制功能。您可以设置锐化算法，或控制在阴影和高光区域中进行的锐化量。

9. 素描滤镜

素描滤镜用来在图像中添加纹理，使图像产生模拟素描、速写及三维的艺术效果。需要注意的是，许多素描滤镜在重绘图像时使用前景色和背景色。这类滤镜共有14个。使用"半调图案"滤镜之前（左图）和之后（右图）对比，如图6-23所示。

（1）基底凸现滤镜：该滤镜使图像呈浅浮雕和突出光照共同作用下的效果，图像的深色部分使用前景色替换，浅色部分使用背景色替换。执行完这个命令之后，当前文件图像颜色只存在黑灰白三色。

（2）粉笔和炭笔滤镜：该滤镜创造类似炭笔素描的效果，粗糙粉笔绘制图像背景，用黑色对角炭笔线条勾画暗区。炭笔用前景色绘制，粉笔用背景色绘制。

图 6-23　使用"半调图案"滤镜前后对比效果

（3）炭笔滤镜：产生色调分离的、涂抹的素描效果。边缘使用粗线条绘制，中间色调用对角描边进行勾画，炭笔应用前景色，纸张应用背景色。执行完滤镜中炭笔命令之后，图像的颜色只存在黑灰白三种颜色。

（4）炭精笔滤镜：该滤镜在暗区使用前景色，在亮区使用背景色。为了获得更逼真的效果，可以在应用滤镜之前将前景色改为常用的"炭精笔"颜色（黑色、深褐色和血红色）。要获得减弱的效果，请将背景色改为白色，在白色背景中添加一些前景色，然后再应用滤镜。

（5）铬黄滤镜：该滤镜产生磨光的金属表面的效果。其金属表面的明暗情况与原图的明暗颁基本对应。该滤镜不受前景色和背景色的控制。

（6）绘图笔滤镜：该滤镜使用精细的、直线油墨线条来捕捉原图像中的细节，产生一种素描的效果。对油墨线条使用前景色，对纸张使用背景色来替换原图像中的颜色。执行完绘图笔命令后，当前图案的彩色没有，只存在黑白两色。

（7）半调图案滤镜：该滤镜把一幅图像处理成用前景色和背景色组成的有网板图案的绘画作品，图像产生一种铜版画的效果，滤镜可以轻易地制作出有某种色彩倾向的怀旧风格的作品来。

（8）便条纸滤镜：该滤镜能够模仿由前景色和背景色两种颜色产生的类似粗糙手工制作的纸张相互粘贴的效果。

（9）影印滤镜：该滤镜产生凹陷压印的立体感效果。当执行完影印效果之后，计算机会把之前的色彩去掉，当前图像只存在棕色，有点像木雕。影印滤镜模仿复印机复印出来的图像效果，只突出一些明显的边界轮廓，其轮廓用前景色勾出，其余部分使用背景色。

（10）塑料效果滤镜：该滤镜把图像模拟成一个用塑料做成的浮雕，并使用前景色和背景色为结果图像着色，暗区凸起，亮区凹陷。

（11）网状滤镜：该滤镜使图像的暗调区域结块，高光区域轻微颗粒化，使图像表面产生网纹效果。

（12）图章滤镜：该滤镜使图像简化，突出主体，看起来像是用橡皮或木制图章盖上去的效果。一般用于黑白图像。

（13）撕边滤镜：该滤镜使图像产生被撕破后又重新拼合起来却又没有拼好的效果。比较适合有文本或对比度高的图像。

（14）水彩画纸滤镜：该滤镜就像在潮湿的纤维纸上的涂抹，使图像产生一种浸湿、扩张的效果。

【贴心提示】　可以通过"滤镜库"来应用素描滤镜。"素描"滤镜同样不能应用于 CMYK 和 Lab 模式的图像。

10. 风格化滤镜

风格化滤镜主要作用于图像的像素，通过置换像素和通过查找并增加图像的对比度，可以强化图像的色彩边界，最终营造出印象派绘画的效果。这类滤镜共有 9 个。使用"风"滤镜之前（左图）和之后（右图）对比，如图 6-24 所示。

图 6-24　使用"风"滤镜前（左图）后（右图）对比效果

（1）扩散滤镜：该滤镜搅乱并扩散图像中的像素，使图像看起来像是透过磨砂玻璃观察的模糊效果。

（2）浮雕效果滤镜：该滤镜使图像产生浮雕效果，对比度越大的图像浮雕的效果越明显。

（3）凸出滤镜：该滤镜将图像分成一系列大小相同的三维立方块或棱锥体。它比较适用于制作刺绣或编织工艺所用的一些图案。该滤镜不能用在 Lab 模式下。

（4）查找边缘滤镜：该滤镜用相对于白色背景的深色线条来勾画图像的边缘，产生用铅笔勾描出图像中物体轮廓的效果。本滤镜没有参数。

（5）照亮边缘滤镜：可以使图像的边缘产生发光效果。不能用在 Lab、CMYK 和灰度模式下。

（6）曝光过度滤镜：该滤镜产生图像正片和负片混合的效果，类似摄影中的底片曝光。不能应用在 Lab 模式下。本滤镜没有参数。

（7）拼贴滤镜：该滤镜能将图像按指定的值分为若干个正方形的拼贴图块，产生瓷砖平铺的效果。

（8）等高线滤镜：该滤镜寻找颜色过渡边缘，并围绕边缘勾画出较细较浅的线条。执行完等高线命令后，那么计算机会把当前文件图像以线条的形式出现。

（9）风滤镜：该滤镜在图像中创建水平线以模拟风的动感效果。它是制作纹理或为文字添加阴影效果时常用的滤镜工具。

11. 纹理滤镜

纹理滤镜主要用于生成具有纹理效果的图案，使图像具有质感。该滤镜在空白画面上也可以直接工作，并能生成相应的纹理图案。这类滤镜共有 6 个。图 6-25 所示为使用"马赛克拼贴"滤镜前（左图）后（右图）对比。

图 6-25　使用"马赛克拼贴"滤镜前（左图）后（右图）对比效果

（1）龟裂缝滤镜：该滤镜可以产生将图像弄皱后所具有的凹凸不平的皱纹效果，有点像在旧墙壁上画的壁画。它也可以在空白画面上直接产生具有皱纹效果的纹理。

（2）颗粒滤镜：该滤镜可以为图像增加一些杂色点，使图像表面产生颗粒效果，这样图像看起来就会显得有些粗糙。

（3）马赛克拼贴滤镜：该滤镜用于产生类似马赛克拼成的图像效果。

（4）拼缀图滤镜：该滤镜在"马赛克拼贴"滤镜的基础上增加了一些立体感，使图像产生一种类似于建筑物上使用瓷砖拼成图像的效果。

（5）染色玻璃滤镜：该滤镜可以将图像分割成不规则的多边形色块，然后用前景色勾画其轮廓，产生一种视觉上的彩色玻璃效果。

（6）纹理化滤镜：该滤镜用选定的纹理代替图像表面纹理，产生多种纹理压纹的效果，使图像看起来富有质感。它尤其擅长处理含有文字的图像，使文字呈现比较丰富的特殊效果。

12. 视频滤镜

视频滤镜是一组控制视频工具的滤镜，它们主要用于处理从摄像机输入的图像或将图像输出到录像带上而作准备工作。

（1）逐行滤镜：该滤镜通过消除图像中的奇数或偶数交错线来达到平滑视图的效果。

（2）NTSC 颜色滤镜：该滤镜可消除普通视频显示器上不能显示的非法颜色，使图像可被电视正确显示。

13. 其他滤镜

"其它"子菜单中的滤镜允许创建自己的滤镜、使用滤镜修改蒙版、在图像中使选区发生位移和快速调整颜色。这类滤镜共有 5 个。使用"自定"滤镜前（左图）后（右图）对比，如图 6-26 所示。

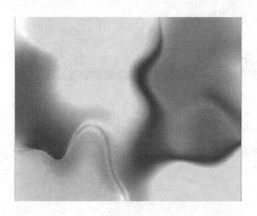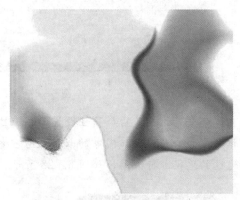

图 6-26　使用"自定"滤镜前（左图）后（右图）对比效果

（1）自定义滤镜：该滤镜可以使用户定义自己的滤镜。

（2）高反差保留滤镜：该滤镜可以把图像的高反差区域从图像中分离出来。

（3）最小值滤镜：该滤镜使图像的暗调区向扩展，亮调区收缩。

（4）最大值滤镜：该滤镜使图像的亮调区向扩展，暗调区收缩。

（5）位移滤镜：该滤镜可以使图像按设定的值进行水平或垂直移动。

二、外挂滤镜

与 Photoshop 内部滤镜不同的是，外挂滤镜需要用户自己动手安装。安装外部滤镜的方法分为两种：一种是有封装好的外挂滤镜可以自动安装，你只需要在安装时选择 Photoshop 的滤镜目录即可；另外一种是手动安装，下面我们以 KPT 的安装为代表来介绍外挂滤镜的使用。

【贴心提示】　安装的外挂滤镜要再次打开 Photoshop 时才生效！

MetaCreations 公司的 KPT（Kai's Power Tools）系列就是第三方滤镜的佼佼者，Photoshop 最著名的滤镜。最新的 KPT9.0 版本更是滤镜中的极品。

下面我们首先来介绍 KPT 的安装，滤镜的安装非常简单，应当注意的是滤镜应当拷贝到 Photoshop 的"\增效工具\滤镜"目录下，否则将无法直接运行滤镜。安装好以后启动 Photoshop 就会发现在"滤镜"菜单中多出了一个 KPT Effects 的子菜单。

选择一个 KPT 特效滤镜，出现在我们面前的是一非常豪华的全屏的参数调节对话框，从图 6-27 中我们便可以感受到其简洁但又不乏齐全功能的特性。整个界面大致上可以分为菜单栏、功能设置区域及其预览窗口三大部分。

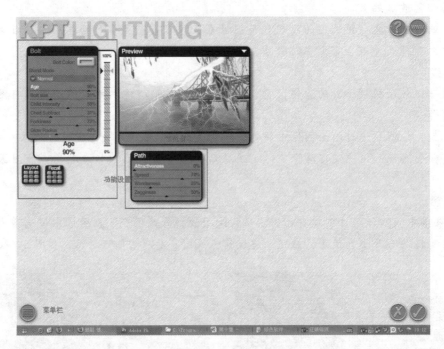

图 6-27 KPT 特效滤镜面板

滤镜的主体部分恐怕就是两个属性设置面板（Bolt panel 和 Path panel）了，Bolt 面板中可以设置闪电对象的总体尺寸和外形，比如闪电的长度、分支的稠密和外围的发光强度等属性，Path 面板则对闪电及其分支所通过的路径进行微调，如图 6-28 所示。

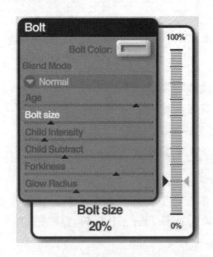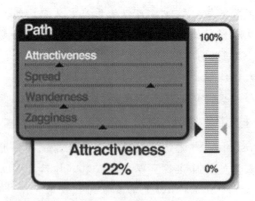

图 6-28 KPT 特效滤镜的两个（Bolt panel 和 Path panel）属性设置面板

可以说，绝大多数功能设置项都是在浮动调板上完成的，如图 6-29 所示，所以理解并熟悉面板上的各项功能显得尤其重要。而各项细微的调整，对图像总体效果的影响则不是一朝一夕的功夫，除了具有良好的艺术感觉外，平时坚持不懈的创作也是非常重要的。

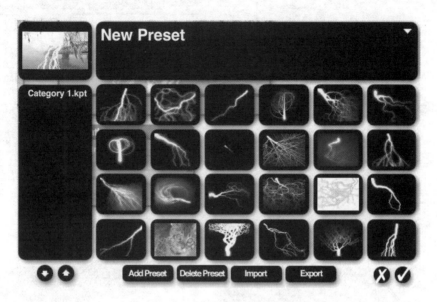

图 6-29　KPT 特效滤镜的浮动面板

了解界面各面板及其功能设置后，就可以运用滤镜来给图像增加丰富的效果了。这里就用 Lighting 滤镜，利用与裂痕相似的闪电形状，使用前（左图）后（右图）的效果如图 6-30 所示，是不是很简单呀！

图 6-30　使用 KPT 特效滤镜制作闪电的效果

任务 4　完成图像合成

操作步骤

（1）按"Ctrl+L"组合键打开"色阶"对话框，输入色阶分别设置为"115，1，235"，输出色阶为"0，255"，如图 6-31 所示。

（2）单击"确定"按钮，再在"图层"调板中将"背景副本"的图层混合模式设置为"滤色"，如图 6-32 所示，效果如图 6-33 所示。

（3）执行"文件"→"存储为"命令，打开"存储为"对话框，将图像文件另存为"大雪纷飞.psd"，最终效果如图 6 - 34 所示。

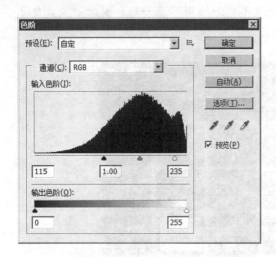

图 6 - 31 "色阶"对话框

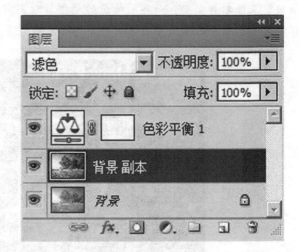

图 6 - 32 设置混合模式

图 6 - 33 混合模式效果

图 6 - 34 "大雪纷飞"效果

项目小结

通过本项目的学习,学会使用并调节各种滤镜的方法,熟悉在什么场合如何使用滤镜来变换图像,并且了解一个滤镜在什么情形中工作得最好和滤镜使用上的一些限制。在 Photoshop 中要想处理好一幅图像,尤其是对其做一些特效处理,就要恰当地运用滤镜以达到艺术境界。

项目2　制作"咖啡漩涡"效果

项目描述

　　香醇的咖啡弥漫着房间，加上一小杯牛奶搅拌着，好看的漩涡立刻呈现出来，你能否把这一时刻制作出来，效果如图6-35所示。

图6-35　"咖啡漩涡"效果

项目分析

　　本项目首先打开咖啡素材图片，制作咖啡部分的背景，然后添加牛奶，利用滤镜制作漩涡效果，最后将制作的牛奶漩涡与咖啡合成即可。本项目可分解为以下任务：

- 制作咖啡背景。
- 制作牛奶漩涡。
- 制作牛奶混合咖啡效果。

项目目标

- 灵活掌握各种滤镜的使用方法及参数的设置。

任务 1　制作咖啡背景

操作步骤

（1）执行"文件"→"打开"命令，打开素材图片"咖啡.jpg"，如图 6-36 所示。

（2）使用"魔棒工具"制作咖啡选区，如图 6-37 所示。

图 6-36　素材图片"咖啡.jpg"　　　　　　　　图 6-37　制作咖啡选区

（3）新建"图层 1"，执行"选择"→"修改"→"羽化"命令，打开"羽化选区"对话框，设置羽化半径为 3 像素，如图 6-38 所示，单击"确定"按钮。

（4）单击"渐变工具"，在工具选项栏设置模式为"线性渐变"，单击"点按可编辑渐变"按钮，打开"渐变编辑器"对话框，设置黑色到 RGB（96，53，3）的渐变，如图 6-39 所示。

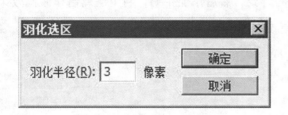

图 6-38　"羽化选区"对话框　　　　　　　　图 6-39　"渐变编辑器"对话框

（5）单击"确定"按钮，使用"渐变工具" 从左到右填充线性渐变，效果如图 6-40 所示。按"Ctrl＋D"组合键取消选区，将图层混合模式设置为"滤色"，效果如图 6-41 所示。

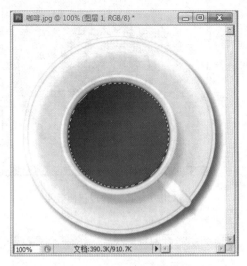

图 6-40　填充线性渐变效果

图 6-41　图层混合模式效果

任务 2　制作牛奶漩涡

操作步骤

（1）新建"图层 2"，设置前景色为白色，选择"柔角 26 像素"画笔，如图 6-42 所示，绘制几个斑点，效果如图 6-43 所示。

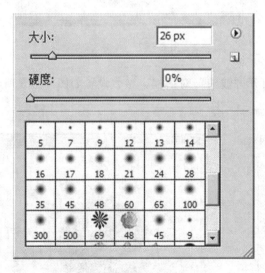

图 6-42　设置画笔

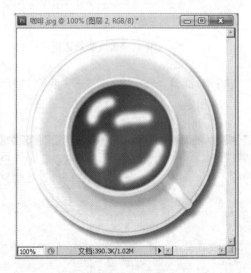

图 6-43　绘制白色斑点

（2）执行"滤镜"→"扭曲"→"旋转扭曲"命令，打开"旋转扭曲"对话框，设置"角度"为246，如图 6-44 所示。单击"确定"按钮，效果如图 6-45 所示。

（3）执行"滤镜"→"扭曲"→"水波"命令，打开"水波"对话框，设置"数量"为16，"起伏"为 6，"样式"为水池波纹，如图 6-46 所示。单击"确定"按钮，效果如图 6-47 所示。

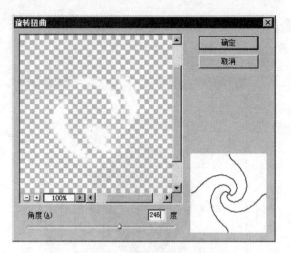

图 6-44 "旋转扭曲"对话框

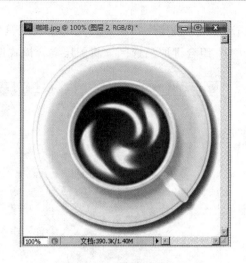

图 6-45 旋转扭曲效果

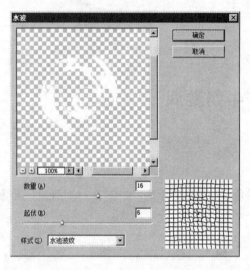

图 6-46 "水波"对话框

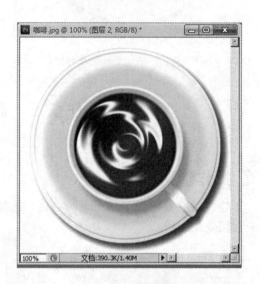

图 6-47 水波效果

（4）执行"滤镜"→"扭曲"→"波浪"命令，打开"波浪"对话框，参数设置如图 6-48 所示，效果如图 6-49 所示。

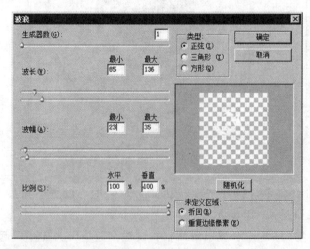

图 6-48 "波浪"对话框

图 6-49 波浪效果

（5）再次设置"旋转扭曲"滤镜，此时设置"角度"为356，如图 6-50 所示，效果如图 6-51 所示。

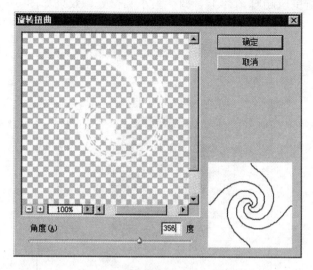

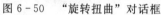

图 6-50　"旋转扭曲"对话框

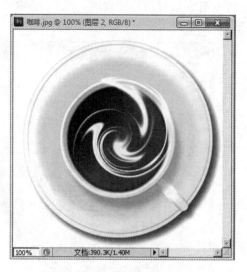

图 6-51　旋转扭曲效果

（6）按"Ctrl＋T"组合键进行自由变换，调整图层的大小和位置，效果如图 6-52 所示。

图 6-52　调整图层大小位置效果

任务 3　制作牛奶混合咖啡效果

操作步骤

（1）使用"橡皮擦工具" ，修正牛奶图层的边界，效果如图 6-53 所示。

（2）将牛奶图层的"混合模式"设置为叠加，如图 6-54 所示。复制牛奶图层，并将该图层的"不透明度"设置为50%，效果如图6-55所示。

（3）打开素材图片"玫瑰.jpg"，选取玫瑰并拖曳至咖啡图片上，调整大小和位置，效果如图6-56所示。

图6-53　修正边界

图6-54　混合模式效果

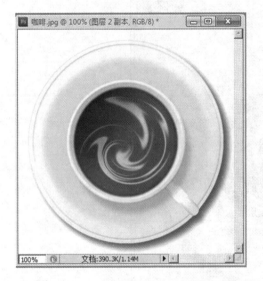

图6-55　复制图层的不透明度效果

图6-56　合成玫瑰效果

（4）至此咖啡搅拌时的漩涡效果制作完成，执行"文件"→"存储为"命令将图像文件另存为"咖啡漩涡.psd"。

项目小结

本项目进行了多种常用滤镜的使用，从中可以看到滤镜能产生的特别效果不是三言两语能说尽的，从中我们知道滤镜是一个能变化出各种各样的图像效果，因此我们要发挥无穷的想象力，并不断尝试各种各样的滤镜。一幅好的作品一定要有一个优秀的主题，而滤镜只不过是将主题升华的一种工具而已。

单元小结

● 深刻理解滤镜的含义和使用对象。
● 掌握各种内置滤镜的使用方法。
● 了解外挂滤镜的安装和使用。

实训练习

1. 制作摩托赛车手。在马达的轰鸣声中，摩托赛车手时而腾空飞跃，时而侧身穿越，惊心动魄的场面真是一场极具限挑战的视觉盛宴。"风驰电掣"效果如图 6-57 所示。

操作提示：

(1) 新建图形文件：自定义 20 厘米×13 厘米，RGB 色彩模式，72 分辨率；导入素材"摩托车手.jpg"，得到图层 1。

(2) 在"图层"调板中复制图层 1，得到图层 1 副本。

(3) 以图层 1 副本为当前层，执行"滤镜"→"抽出"命令，在"抽出"对话框中，创建人物轮廓，如图 6-58 所示，单击"确定"按钮，抽出人物。

(4) 执行"滤镜"→"模糊"→"动感模糊"命令，在"动感模糊"对话框中设置参数，角度"45"，距离"3 像素"，给人物层添加动感模糊。

(5) 以图层 1 为当前层，执行"滤镜"→"模糊"→"径向模糊"命令，在"径向模糊"对话框中设置参数，数量"15"，模糊方法"缩放"。

图 6-57　"风驰电掣"效果

图 6-58　"抽出"对话框

2. 制作如图 6-59 所示的"圆形魔光"。

操作提示：新建一个名为"圆形魔光"，大小为 600×600 像素的正方形文件，画布设为黑色。执行"滤镜"→"渲染"→"镜头光晕"命令，选择"电影镜头"，并把光点放置在如图 6-60 所示的位置。再连续做 5 次镜头光晕滤镜，并调整光点的位置，效果如图 6-61 所示。执行"滤镜"→"扭曲"→"旋转扭曲"命令，设置角度为最大值。执行"滤镜"→"扭曲"→"极坐标"命令，选择"从平面坐标到极坐标"。复制背景得到背景副本，设置其混合模式为"滤色"，对背景副本执行"编辑"→"变换"→"水平翻转"命令，按"Ctrl+E"合并图层再复制一份，并将图层混合模式设为"滤色"。对新副本进行自由变换，使其按中心点缩小一些，然后左手按"Shift+Ctrl+Alt"键，右手单击数次 t 键，连续进行复制变换，得到如图 6-62 所示的效果。复制所有图层，再复制一个副本，将其图层混合模式设置为"叠加"，选择"渐变工具"，设置为"菱形渐变"，色彩为"透明彩虹"，从图像中心往角上拉出一个渐变，效果如图 6-63 所示。重复复制一个副本，渐变属性设置为"反向"，关闭渐变层的眼睛，在新副本上拉出一个渐变，完成最终效果。

图 6-59　"圆形魔光"效果

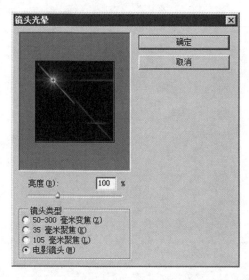

图 6-60　"镜头光晕"对话框

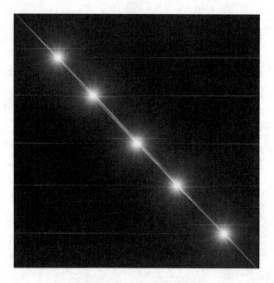

图 6-61　连续 5 次镜头光晕效果

图 6-62　复制变换效果

图 6-63　渐变效果

第 7 单元
色彩与色调

　　对于一个平面设计人员来说，颜色是一个强有力的、刺激性极强的设计元素，它可以给人视觉上的震撼和冲击，因此，创建完美的色彩至关重要。图像色彩与色调的控制是编辑图像的关键，只有有效地控制图像的色彩与色调，才能制作出高质量的图像。Photoshop 的"图像"→"调整"子菜单为人们提供了完整的色彩与色调的调整功能，利用其中各项命令来编辑图像，可以让图像画面更加漂亮，主题更加突出。本单元就是介绍调整图像的色彩与色调的方法，并讲解利用特殊色调控制图像的技巧。

　　本单元包括以下 2 个项目。

　　项目 1　打造蓝色梦幻婚纱照

　　项目 2　制作人体放电特效

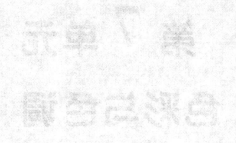

项目1　打造蓝色梦幻婚纱照

项目描述

　　一张照片是否足够吸引人们的视线，除了图像的构图外，整体的色调也是非常重要的。一张普通的照片，把它调成不同的色调，给人的视觉感受也是完全不同的，尤其是婚纱照，对照片的品质要求更是严格。

项目分析

　　首先，由于使用调整命令或多或少会丢失一些颜色数据，因此在对图像处理之前，需要将原图像复制一份，以避免数据丢失。然后利用"调整"命令中的"可选颜色""照片滤镜""色相/饱和度"以及"色阶"等命令进行处理，制作蓝色梦幻背景效果。

　　本项目可分解为以下任务：

● 为照片添加梦幻效果。

● 调整照片蓝色基调。

项目目标

● 掌握图像调整的各命令的使用方法。

● 灵活运用滤镜和通道为图像添加特殊效果。

任务1　为照片添加梦幻效果

操作步骤

　　（1）执行"文件"→"打开"命令，打开素材图片"婚纱照.jpg"，如图7-1所示，复制"背景"图层，得到"背景副本"图层，如图7-2所示。

　　（2）执行"滤镜"→"模糊"→"高斯模糊"命令，打开"高斯模糊"对话框，设置"半径"为5像素，如图7-3所示，单击"确定"按钮。

　　（3）在"图层"调板中设置该图层的"混合模式"为柔光，"不透明度"为60%，如图7-4所示，效果如图7-5所示。按"Ctrl+Shift+Alt+E"快捷键盖印图层，得到"图层1"，如图7-6所示。

图7-1 素材图片"婚纱照"

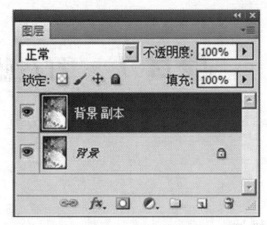

图7-2 图层调板

图7-3 "高斯模糊"对话框

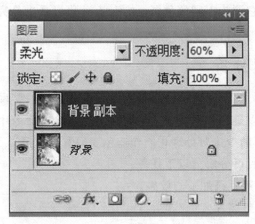

图7-4 图层设置

图7-5 设置图像效果

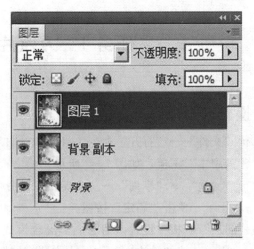

图7-6 盖印图层

　（4）执行"窗口"→"通道"命令，打开"通道"调板，选择"绿"通道，按"Ctrl＋A"快捷键全选"绿"通道图像，再按"Ctrl＋C"快捷键复制"绿"通道，如图7-7所示，选择"蓝"通道，按"Ctrl＋V"快捷键将"绿"通道粘贴到"蓝"通道中，如图7-8所示。

　（5）返回"RGB"通道，按"Ctrl＋D"快捷键取消选区，效果如图7-9所示。

图7-7　复制"绿"通道

图7-8　粘贴"绿"通道

图7-9　通道效果

任务2　调整照片蓝色基调

操作步骤

　（1）执行"图像"→"调整"→"可选颜色"命令，打开"可选颜色"对话框，在"颜色"框中选择青色，参数设置如图7-10所示。单击"确定"按钮，效果如图7-11所示。

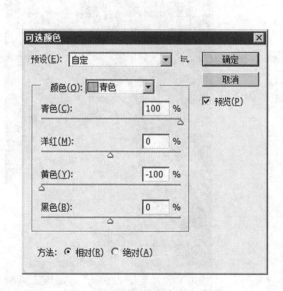

图7-10　"可选颜色"对话框

图7-11　调整效果

（2）执行"图像"→"调整"→"照片滤镜"命令，打开"照片滤镜"对话框，设置"滤镜"为冷却滤镜（82），"颜色"为青色，"浓度"为16，如图7-12所示。单击"确定"按钮，效果如图7-13所示。

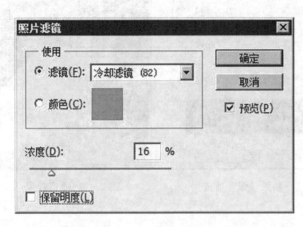

图7-12　"照片滤镜"对话框　　　　　　　　　　图7-13　滤镜效果

（3）执行"图像"→"调整"→"色相/饱和度"命令，打开"色相/饱和度"对话框，设置"饱和度"为-26，如图7-14所示。单击"确定"按钮，效果如图7-15所示。

（4）执行"图像"→"调整"→"色阶"命令，打开"色阶"对话框，选择"RGB"通道，设置暗调、中间调、高光依次为16，1.3，210，如图7-16所示。选择"绿"通道，设置中间调为0.9，如图7-17所示，单击"确定"按钮，效果如图7-18所示。

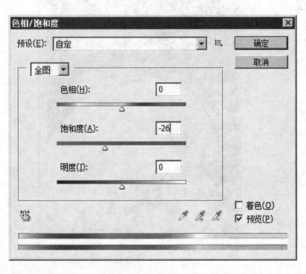

图7-14　"色相/饱和度"对话框　　　　　　　　　图7-15　饱和度效果

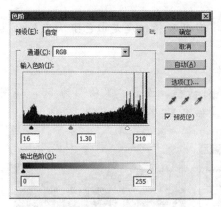
图 7-16　"色阶"对话框

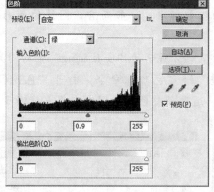
图 7-17　"色阶对话框"

图 7-18　色阶效果

（5）至此，蓝色梦幻婚纱照制作完成，执行"文件"→"存储为"命令，在打开的"存储为"对话框中重新命名为"蓝色梦幻婚纱照"，单击"保存"按钮保存最终效果，效果如图 7-1 所示。

知识百科

一、图像色彩调整

在 Photoshop 软件中可以采取以下的色彩调整方法："色彩平衡""色相/饱和度""去色命令""替换命令""匹配颜色"等。这里仅介绍"色相/饱和度"的使用。

色相/饱和度用于调整整个图像或单个颜色分量的色相、饱和度和亮度值，可以使图像变得更鲜艳或者改变成另一种颜色。其使用方法如下。

（1）双击工作区，打开如图 7-19 所示的"苹果.jpg"素材图片。

（2）执行"图像"→"调整"→"色相/饱和度"命令，打开"色相/饱和度"对话框，调整"饱和度"为 17，如图 7-20 所示，图像的颜色更鲜艳了，效果如图 7-21 所示。

图 7-19　打开素材图片

图 7-20　"色相/饱和度"对话框

图 7-21　调整饱和度效果

【贴心提示】　在"色相/饱和度"对话框中显示有两个颜色条，它们以各自的顺序表示色轮中的颜色。上面的颜色条显示调整前的颜色，下面的颜色条显示调整后的颜色。对于"色相"，输入一个值或拖移滑块，改变颜色。对于"饱和度"，将滑块向右拖移增加饱和度，向左拖移减少饱和度。对于"明度"，将滑块向右拖移增加亮度，向左拖移减少亮度。勾选"着色"选项，可将整个图像改变成单一颜色。

二、图像色调调整

在 Photoshop 中可以采取以下的色调调整方法："色阶""曲线""亮度/对比度""暗调/高光"等。这里仅介绍"色阶"的使用。

色阶是表示图像亮度强弱的指数标准，一般而言，图像的色彩丰富度和精细度是由色阶决定的。具体使用方法如下。

（1）双击工作区，打开如图7-22所示的"女孩.jpg"素材图片。

（2）执行"图像"→"调整"→"色阶"命令，打开"色阶"对话框，设置"黑场"为65，如图7-23所示，单击"确定"按钮，通过调整色阶，图像变得更清晰了，如图7-24所示。

 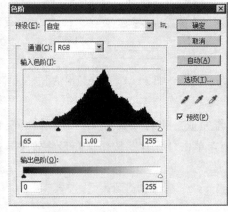 

图7-22　打开素材图片　　　　图7-23　"色阶"对话框　　　　图7-24　调整色阶后效果

（3）在"色阶"对话框中单击"通道"下三角，在弹出的下拉列表中选择"红"通道，并设置"黑场"为40，"中间场"为0.90，如图7-25所示，单击"确定"按钮，此时可以看到图像中添加了绿色，整体上去掉了偏红的色调。

（4）在"色阶"对话框中单击"通道"下三角，在弹出的下拉列表中选择"蓝"通道，并设置"黑场"为29，如图7-26所示，单击"确定"按钮，此时可以看到图像变得更清晰了，也改变了图像的颜色，图像的色调显得更自然了。

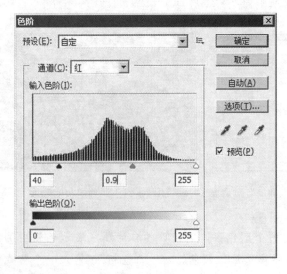 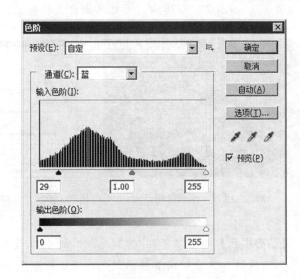

图7-25　调整"色阶"中的红通道　　　　图7-26　调整"色阶"中的蓝通道

三、可选颜色

使用"可选颜色"命令可以对限定的颜色区域中各像素的青色、洋红色、黄色以及黑色的油墨进行调整，并且不影响其他颜色。具体使用方法如下。

（1）双击工作区，打开如图 7-27 所示的"少女.jpg"素材图片。

（2）执行"图像"→"调整"→"可选颜色"命令，打开"可选颜色"对话框，设置"颜色"为青色，点选"绝对"单选框，如图 7-28 所示，调整图像中蓝色区域的图像颜色。

（3）单击"确定"按钮，此时图像的蓝色区域被调整成紫色，而其他部分的图像颜色没有发生任何变化。

图 7-27　打开素材　　　　　　　图 7-28　"可选颜色"对话框

四、照片滤镜

"照片滤镜"命令与"匹配颜色""替换颜色""通道混色器"及"阴影/高光"等命令同属于高级调色命令，它们可以通过调整图像的色彩，使图像效果更加精美。

使用"照片滤镜"命令，可以调整图像使其具有暖色调或冷色调，还可以根据需要自定义色调。具体使用方法如下。

（1）双击工作区，打开如图 7-29 所示的素材图片。

（2）执行"图像"→"调整"→"照片滤镜"命令，打开"照片滤镜"对话框，设置"滤镜"为橙色，"浓度"为 49%，如图 7-30 所示，调整图像为暖色调。

（3）单击"确定"按钮，此时图像变得温暖和温馨，如图 7-31 所示。

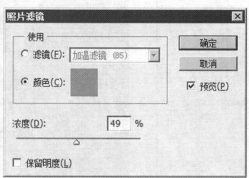

图 7-29　打开素材　　　　图 7-30　"照片滤镜"对话框　　　　图 7-31　调整效果

五、曲线调整

曲线调整允许用户调整图像的整个色调范围。它最多可以在图像的整个色调范围（从阴影到高光）内调整14个不同的点，也可以对图像中的个别颜色通道进行精确的调整。具体使用方法如下。

（1）双击工作区，打开如图7-32所示的"女孩.jpg"素材图片。

（2）执行"图像"→"调整"→"曲线"命令，打开"曲线"对话框，如图7-33所示。

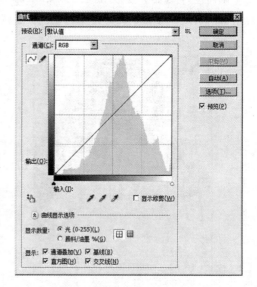

图7-32　打开素材图片　　　　　　　　　图7-33　"曲线"对话框

【贴心提示】　　如果在"曲线"对话框的"通道"下拉列表中分别选择"红""绿""蓝"选项，再在网格中调整曲线可以快速调节图像颜色，赋予图像不同的色调。

（3）按住Alt键同时在网格内单击鼠标，将网格显示方式切换为小网格。单击"预设"右侧的下三角按钮，在弹出的下拉列表中选择"较亮（RGB）"选项，网格中的曲线上自动添加了一个锚点，如图7-34所示。此时图像的色调变得较亮，效果如图7-35所示。

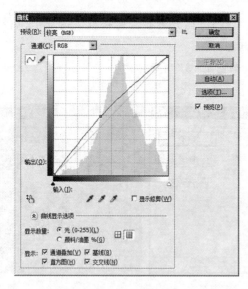

图7-34　调整曲线　　　　　　　　　　　图7-35　调整曲线后效果

（4）在曲线上单击添加锚点，将锚点向上移动，如图 7-36 所示，单击"确定"按钮，此时图像的对比度和明暗关系都有所改变，亮的区域更亮，暗的区域更暗，效果如图 7-37 所示。

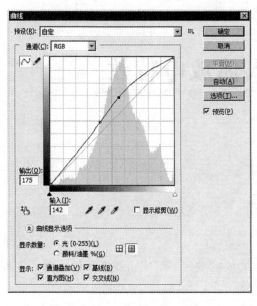

图 7-36　继续调整曲线

图 7-37　调整曲线后最终效果

项目小结

　　图像调整用于改变图像中的色调和颜色。用户可以通过使用"色相/饱和度"来调整图像的颜色和饱和度，通过使用"色阶"对话框来调整图像的明暗程度，通过使用"可选颜色"来对限定颜色区域中各像素的青色、洋红色、黄色以及黑色的油墨；通过使用"照片滤镜"来调整图像具有暖色调或冷色调，或根据需要自定义色调。

项目2 制作人体放电特效

项目描述

人体可以放电这是众所周知的,但很少有人看到人体的放电效应,事实上我们可以通过后期制作合成这样的结果。原图及制作效果如图7-38所示。

图7-38 原图及"人体放电"效果

项目分析

本项目首先利用"魔棒工具" 选择需要添加闪电的区域,并对选择的区域添加线性渐变,然后利用"分层云彩"滤镜,制造闪电的轮廓,分别通过执行"色阶""反相"与"色相/饱和度"命令完成电闪雷鸣的最后效果。本项目可分解为以下任务:

● 选择天空区域。
● 制作闪电效果。
● 调整出闪电特效效果。

项目目标

● 分别掌握图像的色彩调整和色调调整方法。

任务 1　选择天空区域

操作步骤

（1）双击控制区，弹出"打开"对话框，打开素材图片"天空.jpg"，如图 7-39 所示。

（2）单击"魔棒工具" ![魔棒] 并在工具选项栏中设置"容差"值为 10，配合"套索工具" ![套索] 对天空区域进行选择，效果如图 7-40 所示。

图 7-39　素材图片"天空"　　　　　　　　图 7-40　对天空区域制作选区

任务 2　制作"闪电"效果

操作步骤

（1）执行"图层"→"新建"→"图层"命令，新建一图层。

（2）按 D 键将前景色、背景色设置为默认的黑白色。选择"渐变工具" ![渐变]，在工具选项栏中选择"前景到背景"渐变色，单击"线性渐变"按钮 ![线性渐变]，使用"渐变工具"在选区内从上到下进行渐变填充，效果如图 7-41 所示。

（3）执行"滤镜"→"渲染"→"分层云彩"命令，执行"图像"→"调整"→"反相"命令反相显示图像，效果如图 7-42 所示。

（4）执行"图像"→"调整"→"色阶"命令，打开"色阶"对话框，分别设置"输入色阶"参数为 85，0.22，255 和"输出色阶"参数为 0，255，如图 7-43 所示，单击"确定"按钮，效果如图 7-44 所示，按"Ctrl+D"快捷键取消选区。

图7-41 添加渐变填充效果

图7-42 "分层云彩"及"反相"效果

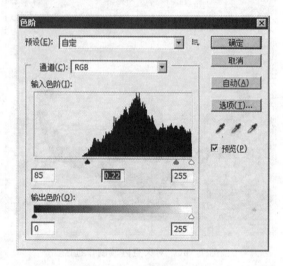

图7-43 "色阶"对话框

图7-44 色阶调整后效果

知识百科

特殊色调控制

在 Photoshop 中还可以采取以下的色调调整方法："反相""色调均化""色调分离""阈值"和"渐变映射"等。

1. 反相

"反相"命令是将图像中的色彩转换为反转色，如白色转为黑色，红色转为青色，蓝色转为黄色等。其效果类似于普通彩色胶卷冲印后的底片效果。

首先打开如图7-45所示素材图片，执行"图像"→"调整"→"反相"命令，效果如图7-46所示。

【贴心提示】 在对图像进行"反相"时，通道中每个像素的亮度值都会转换为256级颜色值标度上相反的值。例如，正片图像中值为255的像素会被转换为0，值为5的像素会被转换为250。

2. 色调均化

"色调均化"命令可以将图像中最亮的部分提升为白色，最暗部分降低为黑色。但它会按照灰度重新分布亮度，使得图像看上去更加鲜明。

首先打开如图 7-45 所示素材图片，执行"图像"→"调整"→"色调均化"命令，效果如图 7-47 所示。

图 7-45　打开素材图片　　　　图 7-46　"反相"效果　　　　图 7-47　"色调均化"效果

【贴心提示】　　当扫描的图像显得比原稿暗，并且想平衡这些值以产生较亮的图像时，可以使用"色调均化"命令。

3. 色调分离

"色调分离"命令用于大量合并亮度，最小数值为 2 时合并所有亮度到暗调和高光两部分，数值为 255 时则没有效果。此命令可以在保持图像轮廓的前提下，有效地减少图像中的色彩数量。

首先打开如图 7-45 所示素材图片，执行"图像"→"调整"→"色调分离"命令，弹出"色调分离"对话框，设置色阶值，如图 7-48 所示，单击"确定"按钮，效果如图 7-49 所示。

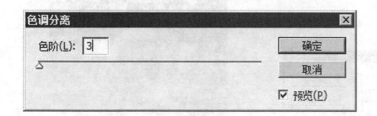

图 7-48　"色调分离"对话框　　　　　　图 7-49　"色调分离"效果

使用"色调分离"命令时，可以指定图像中每个通道的色调级（或亮度值）的数目，然后将像素映射为最接近的匹配级别。例如，在 RGB 图像中选取 2 个色调色阶将产生 6 种颜色：2 种代表红色，2 种代表绿色，另外 2 种代表蓝色。另外，该命令可以在照片中创建特殊效果，如创建大的单调区域。同时减少灰色图像中的灰阶数量。

【贴心提示】　　如果想在图像中使用特定数量的颜色，请将图像转换为灰度并指定需要的色阶数；然后将图像转换回以前的颜色模式，并使用想要的颜色替换不同的灰色调。

4. 阈值

"阈值"是将灰度或彩色图像转换为高对比度的黑白图像。

首先打开如图7-45所示素材图片，执行"图像"→"调整"→"阈值"命令，打开"阈值"对话框，如图7-50所示，指定某个色阶作为阈值。所有比阈值亮的像素转换为白色；而所有比阈值暗的像素转换为黑色，单击"确定"按钮后，效果如图7-51所示。

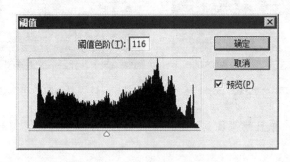

图7-50　"阈值"对话框　　　　　　　　　　图7-51　"阈值"效果

使用"阈值"命令时，应反复移动色阶滑杆观察效果。一般设置在像素分布最多的亮度上可以保留最丰富的图像细节，其效果可用来制作漫画或版刻画。

5. 渐变映射

"渐变映射"用于将相等的图像灰度范围映射到指定的渐变填充色中。

首先打开如图7-45所示素材图片，执行"图像"→"调整"→"渐变映射"命令。打开"渐变映射"对话框，如图7-52所示，默认情况下，图像的阴影、中间调和高光分别映射到渐变填充的起始（左端）颜色、中点和结束（右端）颜色，单击"确定"按钮，效果如图7-53所示。

图7-52　"渐变映射"对话框　　　　　　　　图7-53　"渐变映射"效果

这里，"渐变选项"中的选项可以选任一或全部两个选项，或者不选择。

"仿色"指添加随机杂色以平滑渐变填充的外观并减少带宽效应。

"反向"指切换渐变填充的方向，从而反向渐变映射。

任务 3　调整出"闪电特效"效果

操作步骤

（1）选中"图层 1"，执行"编辑"→"自由变换"命令，调整闪电的大小和位置，变换为手中拿着的闪电，效果如图 7-54 所示，设置该"图层混合模式"为滤色，效果如图 7-55 所示。

图 7-54　调整大小和位置

图 7-55　滤色效果

（2）重复复制"图层 1"4 次，执行自由变换操作，旋转并调整位置，效果如图 7-56 所示。

（3）合并闪电图层，执行"图像"→"调整"→"色相/饱和度"命令，打开"色相/饱和度"对话框，勾选"着色"复选框，分别将"色相"设置为 328，"饱和度"设置为 60，"明度"设置为 0，如图 7-57所示，单击"确定"按钮，得到如图 7-58 所示的效果。

（4）创建人体发光效果。新建一个图层，选择柔角"画笔工具" 🖌，"大小"为 20，"前景色"为浅洋红，绘制人物头部和胳膊部分，效果如图 7-59 所示。

图 7-56　复制及变换效果

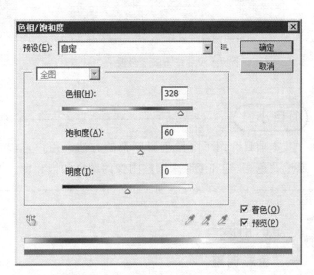

图 7-57　"色相/饱和度"对话框

图7-58 色相效果

图7-59 绘制头部和胳膊

（5）将该图层"混合模式"设置为叠加，如图7-60所示，效果如图7-61所示。执行"文件"→"存储为"命令，在打开的"存储为"对话框中重新命名为"人体放电"，单击"确定"按钮保存制作效果。

图7-60 "图层"调板

图7-61 叠加效果

┌─ 项目小结 ─┐

本项目介绍了图像色调调整的方法。用户可以通过"色阶"对话框来调整图像的明暗程度，通过"色相/饱和度"来调整图像的颜色和饱和度。

 知识拓展

一、色彩调整

除前面使用的"色相/饱和度"和"色阶"等命令外，Photoshop还可以采取以下命令进行色彩的调整，它们是"色彩平衡""去色命令""替换命令"和"匹配颜色"。

1. 色彩平衡

Photoshop 图像处理中一项重要内容就是调整图像的色彩平衡，通过对图像的色彩平衡的调整，可以校正图像偏色、过度饱和或饱和度不足的问题。具体使用方法如下。

（1）双击工作区，打开如图 7-62 所示的素材图片。

（2）执行"图像"→"调整"→"色彩平衡"命令，打开"色彩平衡"对话框，设置"色阶"分别为 7，27，36，点选"中间调"单选框，如图 7-63 所示，单击"确定"按钮，通过调整色彩平衡，降低了图像中的红色，改变了图像偏色的现象。

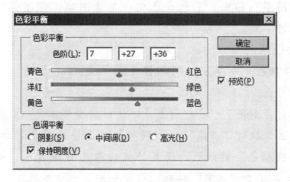

图 7-62　打开素材图片　　　　　　　　　　　图 7-63　"色彩平衡"对话框

（3）在"色彩平衡"对话框中点选"阴影"单选框，设置"色阶"分别为-30，17，56，如图 7-64 所示，单击"确定"按钮，此时可以看到对图像的阴影进行调整，加深了图像中人物和背景的颜色，使颜色对比更强，效果如图 7-65 所示。

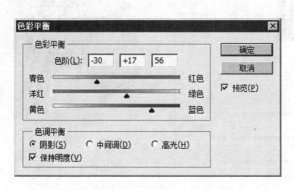

图 7-64　调整阴影的"色彩平衡"对话框　　　　　图 7-65　调整阴影后的效果

（4）在"色彩平衡"对话框中点选"高光"单选框，设置"色阶"分别为5，16，36，如图7-66所示，单击"确定"按钮，此时可以看到对图像的高光处的颜色进行了调整，图像光感的效果更强。

【贴心提示】 "色彩平衡"命令的快捷键是"Ctrl＋B"；"色相/饱和度"命令的快捷键是"Ctrl＋U"。

2. 去色

"去色"命令可以从选中图层中移除所有颜色信息，把它变成灰度色。

首先，打开如图7-67所示图片，执行"图像"→"调整"→"去色"命令。

该命令相当于在"色相/饱和度"中将"饱和度"设为最低，把"图层"转变为不包含色相的灰度图像，但图像的颜色模式保持不变。

3. 替换颜色

"替换颜色"命令可以将图像中的指定颜色替换为新颜色值。

（1）打开如图7-68所示图片，使用"魔棒工具"红色气球制作选区，执行"图像"→"调整"→"替换颜色"命令，打开"替换颜色"对话框，设置替换的颜色为浅青色，如图7-69所示，单击"确定"按钮，效果如图7-70所示。

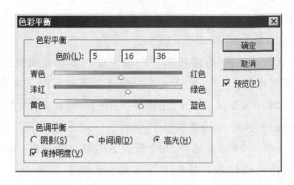

图7-66　调整高光的"色彩平衡"对话框

图7-67　素材图片

图7-68　打开素材图片

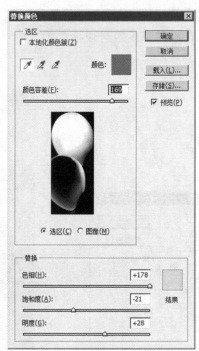

图7-69　"替换颜色"对话框

图7-70　替换颜色

使用"替换颜色"命令，可以创建蒙版，以选择图像中的特定颜色并替换这些颜色，另外还可以设置选定区域的色相、饱和度和亮度。

如果选择"选区"显示选项，则预览框中将显示蒙版。被蒙版的区域是黑色，未蒙版的区域是白色。部分被蒙版区域（覆盖有半透明蒙版）会根据不透明度显示不同的灰色色阶。

如果选择"图像"显示选项，则预览框中将显示图像。在处理放大的图像或仅有有限屏幕空间时，该选项非常有用。

4. 匹配颜色

若想将"图像 1"的颜色与"图像 2"的颜色相匹配，如图 7 - 71 所示，则对"图像 2"使用"匹配颜色"命令，打开"匹配颜色"对话框，设置如图 7 - 72 所示的参数，单击"确定"按钮后，效果如图 7 - 71"图像 3"所示。

图像1　　　　　　　　　　图像2　　　　　　　　　　图像3

图 7 - 71　匹配颜色对比效果

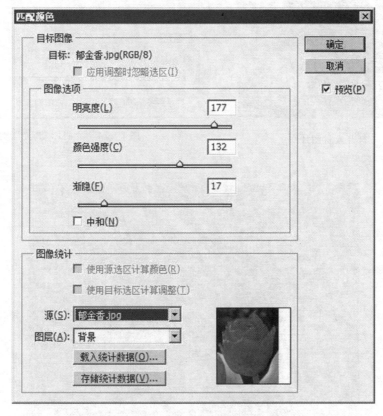

图 7 - 72　"匹配颜色"对话框

若想将不同照片中的颜色保持一致，或者一个图像中的某些颜色（如皮肤色调）必须与另一个图像中的颜色匹配时，此命令非常有用。

"匹配颜色"命令可以匹配多个图像之间、多个图层之间或者多个选区之间的颜色。它还允许通过更改亮度和色彩范围以及中和色痕来调整图像中的颜色。"匹配颜色"命令仅适用于RGB模式。

另外，除了匹配两个图像之间的颜色以外，"匹配颜色"命令还可以匹配同一个图像中不同图层之间的颜色。

首先在图层中建立要匹配的选区。再者就是要确保成为目标的图层，即要应用色彩调整的图层处于活动状态，然后执行"图像"→"调整"→"匹配颜色"命令。在"匹配颜色"对话框中的"图像统计"区域的"源"菜单中，确保"源"菜单中的图像与目标图像相同。

【贴心提示】 可以使用"匹配颜色"控件向图像分别应用单个校正。例如，可以只调整"亮度"滑块以使图像变亮或变暗，而不影响颜色。或者，可以根据所进行的色彩校正的不同使用组合不同的控件。

二、阴影/高光

"阴影/高光"命令适用于校正由强逆光而形成剪影的照片，或者校正由于太接近相机闪光灯而有些发白的焦点。

首先打开如图7-73所示素材图片，执行"图像"→"调整"→"阴影/高光"命令，打开"阴影/高光"对话框，设置如图7-74所示参数，单击"确定"按钮，效果如图7-75所示。

图7-73 打开素材图片

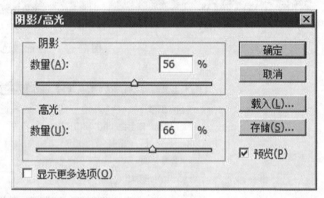

图7-74 "阴影/高光"对话框

图7-75 "阴影/高光"效果

单元小结

- 掌握图像色彩调整的方法。
- 掌握图像色调调整的方法。
- 了解特殊色调控制图像的方法。

实训练习

1. 利用学过的有关图像调整的方法，将给定素材图片进行"季节变换"，效果如图 7-76 所示。

制作提示：打开素材，使用"曲线"命令对原图进行轻微提亮操作。使用"矩形选框工具"选取图像的一半，注意选区的右边界应放在树干的中间，这样效果好一点，把图像的左边一半复制到"图层 1"中，将右边一半复制到"图层 2"中。分别在"图层"调板中选中"图层 1""图层 2"，先使用"色彩平衡"命令进行色彩调整，左半图执行 3 次色彩平衡命令，参数依次为：（中间调，39，-65，-33），（高光，-24，11，0），（阴影，-73，78，55），右半图也执行 3 次色彩平衡命令，参数依次为：（中间调，46，-15，-100），（高光，19，25，3），（阴影，29，-4，21）。再使用"色相/饱和度"命令降低饱和度，"图层 1"的参数为（0，-44，0），"图层 2"参数为（35，100，0），使左图为冷色调、右图为暖色调，合并"图层 1"和"图层 2"。打开纹理素材，用"移动工具"将纹理拖入到刚才编辑的文件中，改变"图层 3"混合模式为"叠加"。最后加入简单的文字修饰，保存文件。

图 7-76　"季节变换"效果

2. 利用替换颜色功能将下图的红色荷花变换为黄色荷花，参考效果如图 7-77 所示。

制作提示：首先执行"图像"→"调整"→"曲线"命令将图像的亮度和对比度进行调整，然后用魔棒工具选取图中的红色荷花图像，执行"图像"→"调整"→"色相/饱和度"命令，将色相、饱和度、明度分别设置为 91，45，0，可将"红花"部分地调整为黄色；进一步执行"图像"→"调整"→"色彩平衡"命令，色阶值为 45，0，-100；最后执行"图像"→"调整"→"通道混合器"命令，输出通道为"红"色，"源通道"红色、绿色、蓝色值分别设置为 95，46，49，完成制作。

图 7 - 77　荷花变颜色

第8单元
路径与形状

本单元主要了解路径的组成及作用，掌握路径工具及路径调板的使用，掌握利用路径制作选区的方法，掌握使用形状工具绘制各种形状，了解文字与路径的关系，掌握制作路径文字的方法，学会利用路径绘制各种艺术效果的方法和技巧。

本单元包括以下2个项目。

项目1　制作鼠标汽车效果

项目2　设计汽车海报

项目1　制作鼠标汽车效果

项目描述

　　图像的合成是 Photoshop 最常见的一种操作，利用路径工具抠图，将平常使用的鼠标加上车轮就变成了非常有创意的鼠标汽车，这样的汽车你还没有见过吧？试着动手做一下，参考效果如图 8 - 1 所示。

图 8 - 1　鼠标汽车效果

项目分析

　　首先，利用"钢笔工具"将鼠标抠出，用同样的方法将汽车需要的部分抠出，然后将两部分合成，并利用"钢笔工具"进行调整，添加图层样式即可。本项目可分解为以下任务：

● 图像合成。
● 图像调整。

项目目标

● 掌握钢笔工具的使用方法。
● 掌握路径转换为选区的方法。

任务1 图像合成

 操作步骤

（1）执行"文件"→"打开"命令，打开素材图片"鼠标.jpg"，如图8-2所示。

（2）选择"钢笔工具" ，单击选项栏的"路径"按钮 ，在图像上绘制如图8-3所示的路径，勾勒出鼠标的外轮廓。

图8-2 素材图片"鼠标"

图8-3 勾勒鼠标外轮廓

（3）选择"添加锚点工具" ，在每段路径的中点处单击并进行拖曳，调整路径，选择"转换点工具" ，将所有尖突点转换为平滑点，路径效果如图8-4所示，此时"路径"调板如图8-5所示。

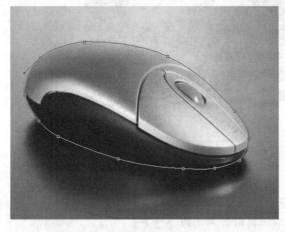

图8-4 调整路径

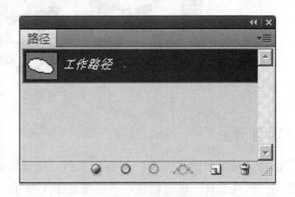

图8-5 "路径"调板

（4）单击"路径"调板下方的"将路径作为选区载入"按钮 ，将绘制的路径转换为选区，效果如图8-6所示。

（5）执行"选择"→"修改"→"收缩"命令，打开"收缩选区"对话框，将收缩量设置为1像素，如图8-7所示，单击"确定"按钮。

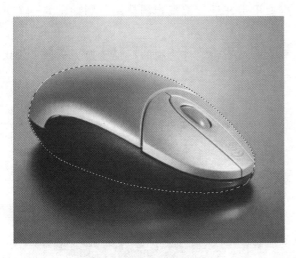

图 8-6 路径转换为选区

图 8-7 "收缩选区"对话框

（6）双击控制区，弹出"打开"对话框，打开素材图片"背景.jpg"，如图 8-8 所示。利用"移动工具" ▶⊹将鼠标选区拖曳至背景图片上，按"Ctrl＋T"组合键，调整鼠标大小，效果如图 8-9 所示。

图 8-8 背景素材图片

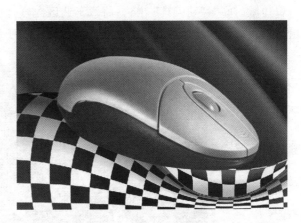

图 8-9 将鼠标移至背景上

（7）执行"文件"→"打开"命令，打开素材图片"汽车.jpg"，如图 8-10 所示。

（8）选择"钢笔工具" ✐，单击工具选项栏的"路径"按钮，在图像上绘制如图 8-11 所示的路径，将汽车所需部分勾勒出来，勾勒时可以沿着汽车棱角线进行。

图 8-10 素材图片"汽车"

图 8-11 绘制路径

（9）选择"添加锚点工具"，在每段路径的中点处单击并进行拖曳，调整路径到如图8-12所示的形状。

（10）单击"路径"调板下方的"将路径作为选区载入"按钮，将绘制的路径转换为选区，效果如图8-13所示。

图8-12　调整路径形状　　　　　　　　　　　图8-13　将路径转换为选区

（11）选择"移动工具"，将汽车选区内容拖曳至背景图片上，按"Ctrl＋T"快捷键对车轮进行自由变换，调整大小和位置，并旋转至如图8-14所示的形状，按Enter键确认变换。

图8-14　调整大小和位置

 知识百科

一、路径的构成

路径是由线段和锚点组成的，锚点标记路径上每一条线段的两个端点，锚点可以控制曲线。在曲线段上，每个选中的锚点显示一条或两条方向线，方向线以方向点结束。拖动方向点可改变方向线，进而改变曲线段的曲率和形状，如图8-15所示。路径可以是闭合路径，也可以是开放路径。

锚点可分为两种，平滑过渡的曲线连接锚点称为平滑点；尖锐过渡的曲线路径的连接锚点称为角点，如图8-16所示。

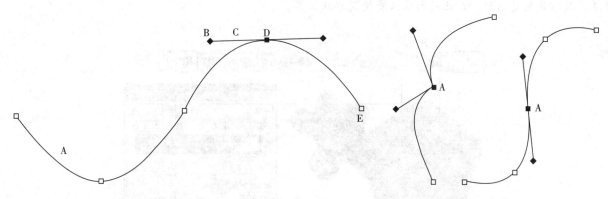

A. 曲线段 B. 方向点 C. 方向线 D. 选中的锚点 E. 未选中的锚点

图 8-15 路径的构成

图 8-16 左边为平滑点，右边为角点

对于平滑点，当移动平滑点的一条方向线时，将同时调整该点两侧的曲线段。

对于角点，当移动角点的一条方向线时，只调整与方向线同侧的曲线段。

要显示路径和锚点使用"路径选择工具" ▶ 或"直接选择工具" ▷ 选择路径即可。"路径选择工具"可以显示和整体修改路径，但不能对路径进行局部修改。"直接选择工具"可以对路径进行局部修改。

二、路径工具的作用

使用路径工具画出的曲线可以做精确的调整，可以对路径进行描边、填充，自定义图形，所以它也是一种绘画工具。通过"路径"调板也可以将路径转换为选区，来实现精确的抠图。

因为路径是矢量信息，其占用的磁盘空间比较小，可利用它保存和传递图像辅助信息。

三、路径工具的种类

(1) "钢笔工具"绘制不规则形状路径。

(2) "形状工具组"（如矩形、圆角矩形、椭圆、多边形、直线、自定义形状）绘制各种规则形状的路径。

四、钢笔工具

"钢笔工具" ✐ 可用于绘制具有最高精度的图像；"自由钢笔工具" ✐ 可以像使用铅笔在纸上绘图一样来绘制路径。

"钢笔工具"的选项栏如图 8-17 所示。

图 8-17 "钢笔工具"选项栏

其使用方法是：可以使用 3 种不同的模式结合使用"钢笔工具"和"形状工具组"以创建复杂的形状，如图 8-18 所示。

图中，A 为形状图层，在单独的图层中创建形状。可在一个图层上绘制多个形状。形状图层含有定义形状颜色的填充图层以及定义形状轮廓的链接矢量蒙版。形状轮廓是路径，它出现在"路径"调板中。

B 为路径，在当前图层中绘制一个工作路径，可随后使用它来创建选区、创建矢量蒙版，或者使用颜色填充和描边以创建栅格图形（与使用绘画工具非常类似）。除非存储工作路径，否则它是一个临时路径。路径出现在"路径"调板中。

C 为填充像素，直接在图层上绘制，与绘画工具的功能非常类似。在此模式中工作时，创建的是栅格图像，而不是矢量图形。在此模式中只能使用形状工具。

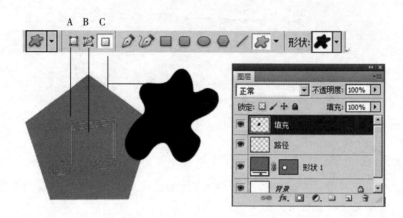

A. 形状图层　B. 路径　C. 填充像素

图 8-18　"钢笔工具"选项栏中三种不同模式的区别

用"钢笔工具"绘制曲线的方法是，在曲线改变方向的位置添加一个锚点，然后拖动构成曲线形状的方向线。方向线的长度和斜度决定了曲线的形状。

（1）拖动曲线中的第一个点，如图 8-19 所示。

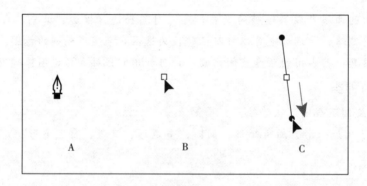

A. 定位"钢笔"工具　B. 开始拖动（鼠标按钮按下）　C. 拖动以延长方向线

图 8-19　绘制曲线中的第一个点

（2）绘制曲线中的第二个点，若要创建 C 形曲线，请向前一条方向线的相反方向拖动。若要创建 S 形曲线，请按照与前一条方向线相同的方向拖动，如图 8-20 所示。

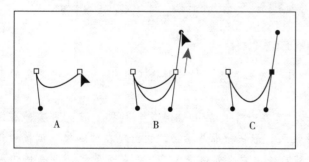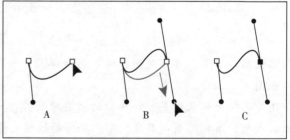

图 8-20　绘制曲线中的第二个点

（3）绘制 M 形曲线，如图 8-21 所示。在定义好第二个锚点后，不用到工具栏切换工具，将鼠标移动到第二个方向线手柄上，按住 Alt 键即可暂时切换到"转换点工具"进行调整；而按住 Ctrl 键将暂时切换到"直接选择工具" ，可以用来移动锚点位置，松开 Alt 或 Ctrl 键立即恢复成"钢笔工具"，可以继续绘制。

【贴心提示】　虽然"直接选择工具"也可以修改方向线，但"来向""去向"有时候（当两者同时显示的时候）会被其一起修改。

（4）绘制心形图形，如图 8-22 所示。绘制完后按住 Ctrl 键在路径外任意位置单击，即可完成绘制。如果没有先按住 Alt 键就连接起点，将无法单独调整方向线，此时再按下 Alt 键可单独调整。

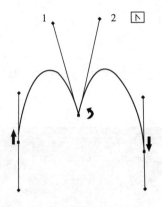

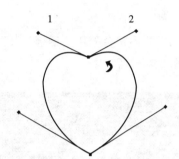

图 8-21　绘制 M 型曲线　　　　　图 8-22　绘制心型图形

（5）添加锚点 或者删除锚点 。对于一条已经绘制完毕的路径，有时候需要在其上添加锚点（也有可能是在半途意外终止绘制）或者是删除锚点。首先应将路径显示出来（可从路径调板查找并单击路径），然后可以在原路径上添加或者删除锚点。

五、路径调板

"路径"调板如图 8-23 所示，其各按钮的主要功能如下。

A. 存储的路径　B. 临时工作路径　C. 矢量蒙版路径（只有在选中了形状图层时才出现）　D. 用前景色填充路径
E. 用画笔描边路径　F. 将路径作为选区载入　G. 从选区生成工作路径　H. 创建新路径　I. 删除当前路经
图 8-23　"路径"调板

用前景色填充路径按钮 ：单击此按钮，将以前景色填充创建的路径。

用画笔描边路径按钮 ：单击此按钮，将以前景色为创建的路径描边，其描边宽度为 1 个像素。

将路径作为选区载入按钮 ：单击此按钮，可以将创建的路径转换为选择区域。

从选区生成工作路径按钮 ：确认图形文件中有选择区域，单击此按钮，可以将选择区域转换为路径。

创建新路径按钮 ：单击此按钮，将在路径调板新建一路径。若路径调板中已经有路径存在，将鼠标光标放置到创建的路径名称处按下鼠标向下拖曳至此按钮处释放鼠标，可以完成路径的复制。

删除当前路径按钮 ：单击此按钮，可以删除当前选择的路径。也可以将想要删除的路径直接拖曳至此按钮处，释放鼠标即可完成路径的删除。

【贴心提示】 在"路径"调板中的灰色区域单击鼠标，会将路径在图像文件中隐藏。再次单击路径的名称，即可将路径重新显示在图像文件中。

任务 2 图像调整

操作步骤

（1）将前轮与鼠标的不粘合处用"钢笔工具" 勾勒出来，如图 8-24 所示。将路径转换为选区后，填充黑色，效果如图 8-25 所示。

图 8-24 勾勒不粘合处

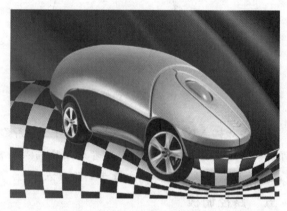
图 8-25 填充黑色

（2）用"钢笔工具" 将后轮多余的部分勾勒出来，转换为选区后将多余部分删除。选择鼠标所在图层，将底座多余部分勾勒出来，并转换为选区后删除，效果如图 8-26 所示。

（3）用"钢笔工具" 将汽车图片车头下方的白色小灯勾勒出来，转换为选区后拖曳至鼠标文件中，调整大小，设置车灯图层的图层样式为"斜面和浮雕"，设置参数为枕状浮雕，大小为 1，效果如图 8-27 所示。

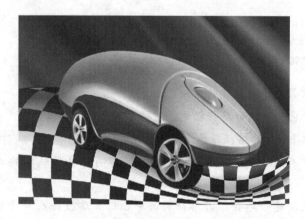
图 8-26 删除后轮与底座多余部分

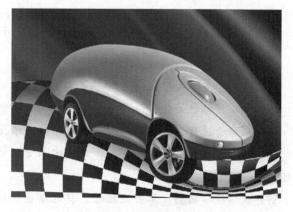
图 8-27 添加车灯

（4）用"钢笔工具" 将汽车图片的车大灯勾勒出来，转换为选区后拖曳至鼠标文件中，按"Ctrl＋T"快捷键调整大小，然后将该图层复制一份并水平翻转，调整大小和形状，移至鼠标另一侧，效果如图 8-28 所示。

（5）选中鼠标图层，执行"图像"→"调整"→"色相/饱和度"命令，打开"色相/饱和度"对话框，将饱和度设置为－80，如图 8-29 所示，单击"确定"按钮。

图 8-28　复制车大灯

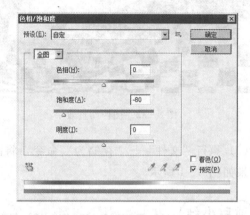

图 8-29　"色彩平衡"对话框

（6）执行"图像"→"调整"→"色彩平衡"命令，打开"色彩平衡"对话框，将黄色调整至－100，将红色调整到 60，如图 8-30 所示，单击"确定"按钮。

（7）执行"图像"→"调整"→"曲线"命令，打开"曲线"对话框，参数设置如图 8-31 所示，效果如图 8-32 所示。

（8）将车轮图层复制一份，置于鼠标图层下方，按"Ctrl＋T"快捷键调整大小，移至鼠标的另一侧，效果如图 8-33 所示。

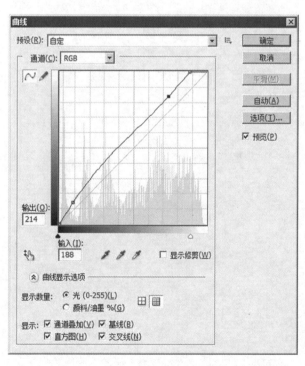

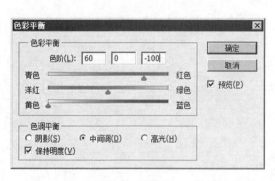

图 8-30　"色彩平衡"对话框

图 8-31　"曲线"对话框

图 8 - 32　图像调整效果　　　　　　　　　　　　图 8 - 33　制作另一侧车轮

（9）执行"文件"→"存储为"命令，将图像文件以"鼠标汽车.psd"为文件名重新进行保存，最终效果如图 8 - 1 所示。

项目小结

　　本项目介绍了利用"钢笔工具"绘制路径以及路径转换为选区的方法，事实上路径、选区是可以相互转换的，这为利用路径抠图进行图像的合成又提供了一个方法。

项目2　设计汽车海报

项目描述

海报是最广泛的广告宣传之一，具有传播信息及时、成本费用低、制作简便等优点。其特点是信息传播面广，有利于视觉形象传达。本项目为一款越野车设计制作宣传海报，参考效果如图 8-34 所示。

图 8-34　汽车海报效果

项目分析

首先，进行汽车与背景的图像合成，然后使用"形状工具"绘制和编辑箭头图形，最后利用"横排文字工具"输入宣传文本。本项目可分解为以下任务：

● 图像合成。
● 绘制编辑箭头。
● 输入宣传文本。

项目目标

● 掌握形状工具的使用。
● 掌握形状的绘制和编辑。
● 复习利用路径进行图像合成。

任务 1　图像合成

 操作步骤

（1）执行"文件"→"打开"命令，打开素材图片"越野车.jpg"，如图8-35所示。

（2）选择"钢笔工具" ，单击选项栏的"路径"按钮 ，在图像上绘制如图8-36所示的路径，勾勒出汽车的外轮廓。

图8-35　素材图片"越野车"　　　　　　　　　图8-36　勾勒汽车轮廓

（3）选择"添加锚点工具" ，在每段路径的中点处单击并进行拖曳，调整路径，选择"转换点工具" ，将所有尖突点转换为平滑点，路径效果如图8-37所示，此时"路径"调板如图8-38所示。

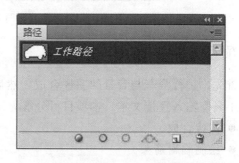

图8-37　调整路径效果　　　　　　　　　　图8-38　"路径"调板

（4）单击"路径"调板下方的"将路径作为选区载入"按钮 ，将绘制的路径转换为选区，效果如图8-39所示。

（5）执行"选择"→"修改"→"收缩"命令，打开"收缩选区"对话框，将收缩量设置为1像素，如图8-40所示，单击"确定"按钮。

图 8-39　路径转换为选区　　　　　　　　　　　图 8-40　"收缩选区"对话框

（6）双击控制区，弹出"打开"对话框，打开素材图片"汽车背景 .jpg"，如图 8-41 所示。利用"移动工具" ▶✛ 将汽车选区拖曳至背景图片上，按"Ctrl＋T"组合键，调整汽车大小，效果如图 8-42 所示。

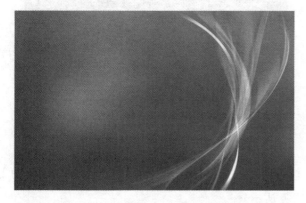

图 8-41　素材图片"汽车背景"　　　　　　　　图 8-42　将汽车与背景合成

（7）选择"模糊工具" ⬦，在工具选项栏设置画笔为柔角 30，强度为 50％，在汽车周围进行涂抹，使汽车和背景融合在一起，效果如图 8-43 所示。

图 8-43　模糊后的汽车

任务 2   绘制编辑箭头

操作步骤

（1）在"背景"图层上方新建"图层2"图层，选择"自定形状工具"，在工具选项栏中单击"形状图层"按钮，再单击"点按可打开自定形状拾色器"按钮，在弹出的"自定图案选项"面板中单击右侧的按钮，在弹出的菜单中选择"全部"选项，添加全部的图案。

（2）设置前景色为黄色，在"自定图案"面板中选择"箭头9"图案，然后在图像左侧空白处绘制箭头，如图8-44所示，生成"形状1"图层。

（3）按"Ctrl＋T"快捷键，调出变换框，在工具选项栏设置旋转角度为−90°，单击工具选项栏的"进行变换"按钮，效果如图8-45所示。

图8-44 绘制箭头图案

图8-45   旋转效果

（4）选择"直接选择工具"，单击箭头底部边线，向下拖曳鼠标调整箭头的长度，使用"移动工具"，将调整好的箭头移至图像右侧，效果如图8-46所示。

（5）在"背景"图层上方新建"图层3"图层，选择"自定形状工具"，在工具选项栏中单击"形状图层"按钮，在"自定图案"面板中选择"箭头20"图案，然后在图像左侧空白处绘制箭头，如图8-47所示，生成"形状2"图层。

图8-46 编辑箭头图案

图8-47   绘制箭头形状

（6）执行"编辑"→"变换路径"→"水平翻转"命令，水平镜像所绘箭头，使用"直接选择工具"，单击箭头底部锚点，向下拖曳鼠标调整箭头的长度，使用"移动工具"，将调整好的箭头移至图像右侧，效果如图8-48所示。

（7）在"背景"图层上方新建"图层 2"图层，设置前景色为白色，选择"自定形状工具" ，在"自定图案"面板中选择"箭头 18"图案，然后在图像左侧空白处绘制白色箭头，如图 8-49 所示，生成"形状 3"图层。

图 8-48 编辑调整箭头效果

图 8-49 绘制白色箭头

（8）选择"直接选择工具" ，单击箭头右侧边线，向右拖曳鼠标调整箭头的长度，使用"移动工具" ，将调整好的箭头移至汽车左侧，效果如图 8-50 所示。

（9）在"背景"图层上方新建"图层 2"图层，选择"自定形状工具" ，在工具选项栏中单击"填充像素"按钮 ，在"自定图案"面板中选择"箭头 20"图案，然后在图像左侧空白处绘制白色箭头，如图 8-51 所示。

图 8-50 编辑调整白色箭头

图 8-51 绘制白色图案

（10）选择"移动工具" ，将绘制的白色箭头图案移至汽车左侧，效果如图 8-52 所示。

图 8-52 移动白色箭头

知识百科

一、绘制形状

形状工具主要用于绘制路径或形状图层，它包括"矩形工具" ▢、"圆角矩形工具" ▢、"椭圆工具" ⬭、"多边形工具" ⬡。

1. 矩形工具、圆角矩形工具和椭圆工具

"矩形工具""圆角矩形工具""椭圆工具"分别用来绘制矩形、圆角矩形和椭圆形的路径或形状图层。使用此工具按住 Shift 键的同时进行绘制，可以分别绘制出正方形、圆角正方形和圆形的路径或形状图层。单击选项栏的工具切换按钮右侧的下拉按钮 ▾，将打开所选工具的选项列表框，如图 8-53 所示为矩形工具的"矩形选项"列表框。

2. 多边形工具

"多边形工具"主要用来绘制多边形或星形，由选项栏的"边"文本框来设置多边形的边数。单击选项栏的工具切换按钮右侧的下拉按钮 ▾，将打开该工具选项列表框，如图 8-54 所示。

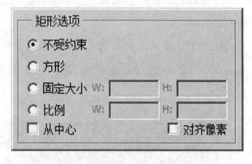

图 8-53　"矩形选项"列表框　　　　图 8-54　"多边形选项"列表框

"平滑拐角"复选框：可以使绘制的多边形或星形顶角更加平滑，效果如图 8-55 所示。

"星形"复选框：勾选用于设置并绘制星形，反之则绘制多边形。

"缩进边依据"文本框：用于设置星形缩进边占边长的百分比，比例越大星形的内缩效果越明显。该选项只有在"星形"复选框被选中时才有效。"缩进边依据"分别为 30% 和 60% 的效果如图 8-56、图 8-57 所示。

图 8-55　平滑拐角效果　　　　图 8-56　"缩进边依据"　　　　图 8-57　"缩进边依据"
为 30% 的效果　　　　　　　　为 60% 的效果

"平滑缩进"复选框：使星形缩进的顶角效果为圆角凹角。该选项也是在选中"星形"复选框时才有效。图 8-58、图 8-59 所示分别为"缩进边依据"为 30% 和 60% 的平滑缩进效果。

图 8-58　"缩进边依据"　　　　图 8-59　"缩进边依据"
为 30％的平滑缩进效果　　　　为 30％的平滑缩进效果

二、直线工具

"直线工具" ╱ 主要用来绘制直线、带箭头的路径或形状图层。其选项栏与"矩形工具"类似，只是多了一个"粗细"选项，用于设定绘制的线段或箭头的粗细。如果需要绘制带箭头的直线，可单击选项栏工具切换按钮右侧的下拉按钮 ▼，打开"箭头"列表框，如图 8-60 所示。

三、自定形状工具

"自定形状工具" ✿ 可以用来绘制 Photoshop 预设的路径或形状图层。单击选项栏工具切换按钮右侧的下拉按钮 ▼，将打开"自定形状选项"列表框，如图 8-61 所示。单击"形状"选项右侧的下拉按钮 ▼，将打开预设的"自定形状"选项面板，如图 8-62 所示。

图 8-60　"箭头"列表框

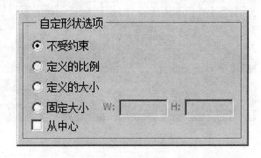

图 8-61　"自定形状选项"列表框

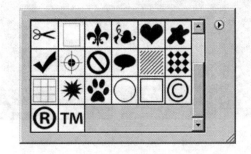

图 8-62　"自定形状"选项面板

在面板中选取所需要的图形，然后在画布中拖曳鼠标，即可绘制相应的图形。单击该面板右侧的按钮 ▶，将弹出下拉菜单，在此可以设置、选择或添加所需的形状。

四、直接选择工具

"直接选择工具" ▸ 可以用来移动路径中的锚点或线段，也可以改变锚点的形态。该工具没有选项栏。其使用方法是：拖曳平滑点两侧的方向点，可以改变其两侧曲线的形态。

按住 Alt 键并拖曳鼠标，可以同时调整平滑点两侧的方向点。按住 Ctrl 键并拖曳鼠标，可以改变平滑点一侧的方向。按住 Shift 键并拖曳鼠标，可以调整平滑点一侧的方向按 45°的倍数跳跃。

按住键盘上的 Ctrl 键，可以将当前工具切换为"路径选择工具"，然后拖曳鼠标，可以移动整个路径的位置。再次按键盘上的 Ctrl 键，可将"路径选择工具"转换为"直接选择工具"。

五、文字工具与路径

使用"文字工具" T 也可以创建路径。方法是先建立文本图层，然后执行"图层"→"文字"→"创建工作路径"命令，就可以在文本的边缘创建路径，路径中的锚点由系统自动生成。转换为路径后可以进行形状编辑或填充，如图8-63所示。

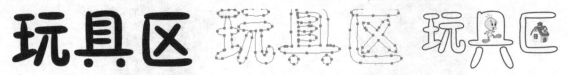

图8-63 文字转换成路径后再编辑的效果

任务3 输入宣传文本

操作步骤

（1）选择"横排文字工具"**T**，在工具选项栏设置"字体"为华文行楷，"大小"为30点，"颜色"为白色，在图像左上角处单击，输入"飞驰天地之间，坐拥梦想之翼"，设置文字所在图层样式为"投影"，效果如图8-64所示。

（2）新建"图层3"，选择"横排文字工具"**T**，在工具选项栏设置"字体"为华文琥珀，"大小"为36点，在图像右侧单击，输入"胸怀自由，天地就是我的驾舱"，其图层样式为外发光，描红边，效果如图8-65所示。

图8-64 文字样式效果   图8-65 另外文字样式效果

（3）拼合图层，按"Ctrl＋S"快捷键保存文件为"汽车海报.psd"，最终效果如图8-34所示。

项目小结

本项目学习了路径及形状的编辑工具路径选择工具和直接选择工具的使用方法。路径选择工具可以选择一个或几个路径并对其进行移动、组合、排列、分布和变换调整，而直接选择工具可以用来移动路径或形状中的锚点或线段，也可以改变锚点的形态，它与路径选择工具的区别是没有选项栏。在路径的调整编辑操作中，使用这两个工具会非常方便快捷。

单元小结

● 了解路径的作用和构成。
● 掌握用路径工具和形状工具绘制矢量图形的方法。

- 掌握路径调板的使用和路径的调整方法。
- 掌握路径与选区的转换方法。
- 了解文字路径和路径文字的制作方法。

实训练习

1. 为提高职业院校学生的技能操作水平，全国每年都会举行不同专业的技能大赛。现为计算机网络专业设计全国网络技能大赛的 LOGO（如图 8-66 所示）。

操作提示：使用"钢笔工具"绘制路径，转换为选区后填充不同颜色和描边，最后输入文本即可。

图 8-66　全国网络技能大赛 LOGO

2. 制作如图 8-67 所示霓虹灯效果。

操作提示：以黑色背景，创建名为"霓虹灯"的新文件。首先使用"钢笔工具"绘制一条谱线，并复制出另外几条，用蓝色描边路径；用"文字工具"输入文字"蓝色海岸线"，并做"扇形"变形。然后按下 Ctrl 键，单击"图层"调板中"蓝色海岸线"层的缩览图，选择文字轮廓区域，并删除文字。在"路径"调板中将"蓝色海岸线"文字区域转换成路径并适当描边，再用渐变色填充。其他文字因不用"变形"，可用"横排文字蒙版"工具直接输入文字区域。音乐符号和电话可用"自定形状工具"直接绘制成图案。打开素材文件"吉他"，选择吉他区域，移至"霓虹灯"文件中，转换成路径并适当描边，再用渐变色填充。

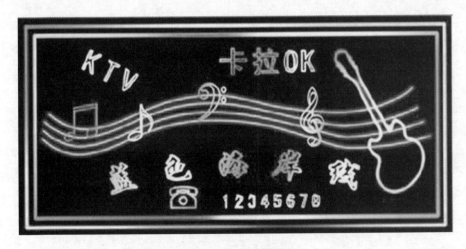

图 8-67　霓虹灯效果图

第 9 单元
文字的应用

本单元主要介绍文字工具的使用和分类，以及字符调板和段落调板的用法，掌握文字属性的设置和变形文字、文字图层及文字蒙版的使用。

本单元包括 2 个项目。

项目 1　个性名片

项目 2　商场促销宣传单

项目 1　个性名片

项目描述

　　名片具有很强的识别性，名片设计要文字简明扼要、字体层次分明、信息传递明确、风格新颖独特。因此，个性名片也是现代生活交际不可缺少的一个环节。现为北京六叶草国际文化传媒公司的工作人员设计名片，参考效果如图 9-1 所示。

图 9-1　个性名片效果

项目分析

　　首先，使用"圆角矩形工具"和"转换点工具"制作名片外形，然后添加名片元素完成名片背景的制作，最后利用"横排文字工具"输入文字方案。本项目可分解为以下任务：
- 制作名片外形。
- 添加名片元素。
- 输入文字方案。

项目目标

- 掌握文字工具的使用。
- 掌握字符调板的使用。
- 复习形状工具的使用和编辑。

任务 1　制作名片外形

操作步骤

（1）执行"文件"→"新建"命令，打开"新建"对话框，输入名称"名片"，设定"大小"为9.5cm×6cm，"分辨率"为150像素/英寸，"颜色模式"为RGB颜色，"背景"为背景色，如图9-2所示。

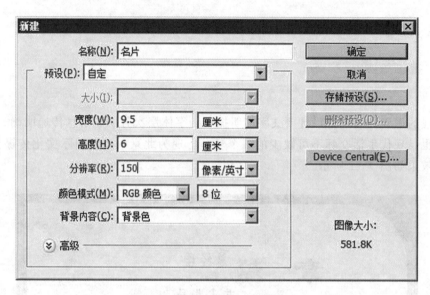

图9-2　"新建"对话框

（2）单击"确定"按钮，选择"圆角矩形工具"，在工具选项栏中单击"形状图层"按钮，再单击"几何选项"按钮▼，在弹出的"圆角矩形选项"面板中点选"固定大小"单选按钮，设置W为9cm，H为5.5cm，然后在选项栏中设置"半径"为80px，如图9-3所示。

（3）将鼠标指针移至图像编辑左上角位置，单击鼠标即可绘制一个指定大小的圆角矩形，生成"形状1"图层。使用"移动工具"，将圆角矩形移至图像编辑窗口中心位置，效果如图9-4所示。

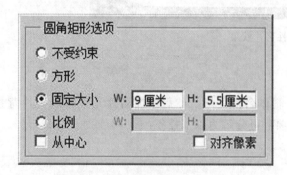

图9-3　"圆角矩形选项"面板

图9-4　绘制圆角矩形

（4）选择"转换点工具"，将鼠标指针移至圆角矩形右上角的锚点上单击，将一个平滑点转换为尖突锚点，用同样方法将另一个锚点也转换为尖突锚点，效果如图9-5所示。

（5）按住Ctrl键并单击右上角的一个锚点，调整其位置，使白色的图像的右上角呈现直角形状，效果如图9-6所示。

图 9-5　转换为尖突锚点

图 9-6　直角形状

（6）选择"转换点工具" ，将鼠标指针移至圆角矩形左下角的锚点上单击，将一个平滑点转换为尖突锚点，同样方法将另一个锚点也转换为尖突锚点，效果如图 9-7 所示。

（7）按住 Ctrl 键并单击左下角的一个锚点，调整其位置，使白色的图像的左下角呈现直角形状，效果如图 9-8 所示。

图 9-7　转换为尖突锚点

图 9-8　直角形状

任务 2　添加名片元素

操作步骤

（1）执行"文件"→"置入"命令，打开"置入"对话框，选择需要置入的文件"路径花.png"，如图 9-9 所示。单击"置入"按钮，将所选文件置于图像编辑窗口中，如图 9-10 所示。

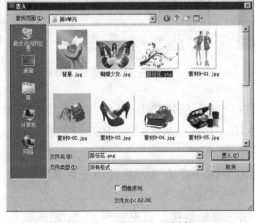

图 9-9　"置入"对话框

图 9-10　置入图像

【**贴心提示**】 置入命令主要用于将矢量图像文件转换为位图图像文件。另外，该命令也可以置入EPS、AI、PDP 和 PDF 等格式的图像文件。在 Photoshop 中置入一个图像文件后，系统将自动创建一个新的图层且为智能对象。

（2）将鼠标指针移至图像编辑窗口中，单击鼠标右键，在弹出的快捷菜单中选择"垂直翻转"命令，效果如图 9-11 所示。

（3）根据需要，调整置入图像的大小、位置和旋转角度，调整效果如图 9-12 所示。

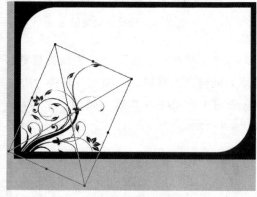

图 9-11　垂直翻转　　　　　　　　　图 9-12　调整效果

（4）将鼠标指针指向图像编辑窗口，单击鼠标右键，在弹出的快捷菜单中选择"置入"命令，即可将图像置入并确认其变换效果，如图 9-13 所示。

（5）在"图层"调板中，将"路径花"图层作为当前图层，单击鼠标右键，在弹出的快捷菜单中选择"栅格化图层"命令，将该矢量图层转换为普通图层，锁定该图层的透明像素，如图 9-14 所示。

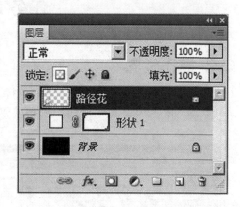

图 9-13　置入调整的图像　　　　　　　图 9-14　"图层"调板

（6）选择"渐变工具"![渐变工具]，单击工具选项栏的"线性渐变"按钮![线性渐变]，再单击"点按可编辑渐变"按钮![点按可编辑渐变]，打开"渐变编辑器"，分别设置颜色依次为 RGB（244，250，23）、RGB（253，249，198）、RGB（218，247，60）和 RGB（121，184，0），如图 9-15 所示。

（7）单击"确定"按钮，使用"渐变工具"由右上向左下画一条直线，线性填充置入的图像，效果如图 9-16 所示。

（8）执行"图层"→"创建剪贴蒙版"命令，为图像创建剪贴蒙版，效果如图 9-17 所示。

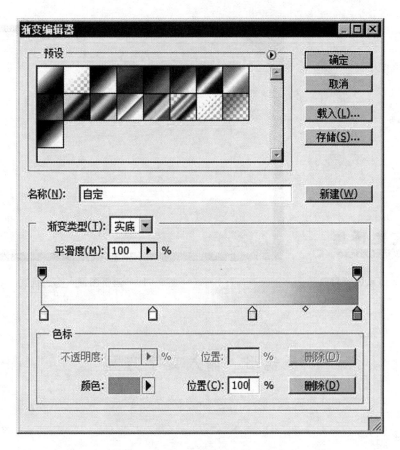

图 9-15 "渐变编辑器"对话框

图 9-16 线性填充图像

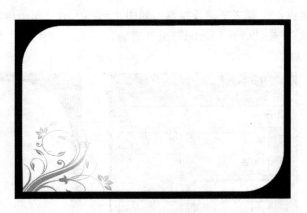

图 9-17 剪贴蒙版效果

【贴心提示】 打开的图像一般为普通图层,而置入的图像则为矢量图层,在 Photoshop 中一般无法对矢量图像进行编辑,因此,需要将矢量图层栅格化后转换成普通图层,才能对图像进行相应的编辑操作。

(9)执行"文件"→"打开"命令,弹出"打开"对话框,将"企业 Logo"文件打开,如图 9-18 所示。

(10)使用"移动工具" ,将打开的素材图片拖曳至图像编辑窗口中,按"Ctrl+T"快捷键调整图片的大小和位置,效果如图 9-19 所示。

图 9-18　企业 LOGO 素材

图 9-19　调整图像大小、位置

任务 3　输入文字方案

操作步骤

（1）选择"横排文字工具" **T**，在工具选项栏中单击"切换字符或段落面板"按钮，打开"字符"面板，设置文字的各参数，如图 9-20 所示，在图像编辑窗口适当的位置单击鼠标确认插入点，输入"章越"，按"Ctrl＋Enter"组合键确认输入，效果如图 9-21 所示。

图 9-20　"字符"面板

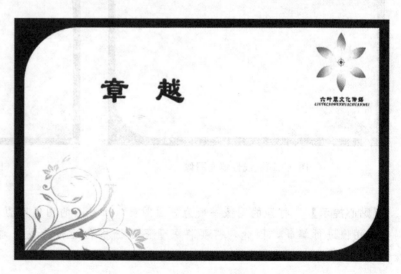

图 9-21　输入文字

（2）同样方法，使用"横排文字工具" **T**，在"字符"面板中设置文字的各属性，然后在图像编辑窗口适当的位置输入其他的文字，最后效果如图 9-22 所示。

图 9-22　文字最终效果

（3）合并图层，按"Ctrl＋S"快捷键，保存文件为"个性名片.psd"。

 知识百科

一、文字工具

Photoshop 中提供了 2 种不同的文字工具，单击工具箱中的"文字工具"按钮 T 右下角的三角形就可以看到它们，如图 9-23 所示，它们是"横排文字工具" T 和"直排文字工具" IT。默认情况下，文字工具使用的是"横排文字工具"。

（1）"横排文字工具"可以创建横排文字。在画布中单击鼠标，就可以输入文字，当文字输入完后，单击"文字工具"选项栏右侧的"提交当前所有编辑"按钮 ✔ 完成操作，同时在"图层"调板中会产生一个"文字图层"，如图 9-24 所示。

（2）"直排文字工具"可以创建竖排文字，使用方法同"横排文字工具"。

二、文字工具的选项栏

单击工具箱中的"横排文字工具"按钮 T，图像窗口上方会出现"横排文字工具"的选项栏，如图 9-25 所示。

选项栏中各选项属性如下。

"更改文本方向"按钮 IT：是横排文字与直排文字的转换按钮。

"设置字体系列"按钮 | 仿宋 ▾ |：设置文字的字体。

"设置字体样式"按钮 | - ▾ |，包括 Regular（标准）、Italic（倾斜）、Bold（加粗）、Bold Italic（加粗并倾斜）四种样式。

图 9-23　两种文字工具

图 9-24　文字图层

图 9-25　"文字工具"选项栏

"设置字体大小"按钮 10点 ▼：设置文字的大小，数字值越大，字越大。

"设置消除锯齿的方法"按钮 锐利 ▼：设置消除文字锯齿的方式，有"无、锐利、犀利、平滑、浑厚"五种选择方式。

"对齐文本"按钮 ≡ ≡ ≡：文字的对齐方式，分别为"左对齐、居中、右对齐"。

"设置文本颜色"按钮 ▉：用于设置文本的颜色。

"创建文字变形"按钮 ⊥：用于设置变形文字，详见本章 8.3 变形文字。

"切换字符和段落面板"按钮 ▤：用于字符和段落调板的转换。

"取消所有当前编辑"按钮 ⊘：用于取消当前的编辑操作。

"提交所有当前编辑"按钮 ✓：用于提交当前的编辑操作。

三、字符调板

用户通过字符调板，可以对文字的字体、大小、颜色等属性进行设置，执行"窗口"→"字符"命令，或单击文字工具选项栏的"切换字符和段落面板"按钮 ▤，可以打开"字符"调板，如图 9-26 所示。

利用"字符"调板，可以对文字进行重新设置，下面就调板上的一些主要参数进行说明。

设置字体类型 华文隶书 ▼：单击此下拉列表框，可以选择不同的字体类型。

设置字体样式 - ▼：包括 Regular（标准）、Italic（倾斜）、Bold（加粗）、Bold Italic（加粗并倾斜）四种样式。

设置字体大小 T 18点 ▼：单击此下拉列表框，可以设置字体的大小。

设置字体颜色 颜色 ▉：单击此色块，可以设置字体的颜色。

设置文本行距 ᴬ 21.59点 ▼：用于调整字符行与行之间的距离，数值越大，行与行之间距离越宽。

设置字距（按点数）ᴬⱽ 190 ▼：调整字符与字符之间的距离，数值越大，两个字符间的距离越大。

图 9-26 "字符"调板

设置字距（按比例）50% 60% ▼：按百分比调整两个字符间的距离。

设置文本的垂直缩放 Iᴛ 100%：可以设定被选定字符在垂直方向上的缩放比例。

设置文本的水平缩放 T 80%：可以设定被选定字符在水平方向上的缩放比例。

设置字符的基线偏移 ᴬᵃ 0点：通过此项可以使选择的字符进行相对于原来位置的上下偏移。

设置字体的效果 T T TT Tr T¹ T₁ T F：单击对应按钮，可分别对字符进行"加粗、倾斜、全部大写（适用于英文字符）、全部小型大写（适用于英文字符）、上标、下标、下划线、删除线"等设置。

╭─（项目小结）─────────────────────╮

本项目学习名片的制作方法，名片中最重要的就是文字的输入，本项目学习了横排文字工具的使用，以及如何在字符面板中设置字体的属性。使用路径和形状工具可以制作个性化很强的作品，希望同学们在今后的绘图过程中灵活运用，制作出更加精美的作品。

╰─────────────────────────────╯

项目2　商场促销宣传单

项目描述

五一佳节，春光明媚，是人们逛街购物的大好时节，商场抓住商机，宣传促销活动红红火火。制作精美的促销宣传单，是整个活动中的重要一环，设计制作的宣传单不仅能给顾客美的享受，更可以引起顾客购物的欲望。制作完成的效果如图 9-27 所示。

图 9-27　商场促销宣传单

项目分析

首先，利用"渐变工具"制作背景，然后利用"文字工具"输入宣传单中不同字体、大小的文字内容，利用变形文字功能设置变形文字效果，利用图层样式设置文字效果；最后导入素材，调整素材的大小并移动到合适的位置。因此，本项目可分解为以下任务：

- 填充背景。
- 输入并编辑文字。
- 导入素材。

项目目标

- 掌握文字工具的用法。
- 掌握文字的输入方法。
- 掌握变形文字的设置方法。
- 掌握文字的图层样式的设置方法。
- 掌握字符调板和段落调板的使用方法。

任务 1　填充背景

操作步骤

（1）执行"文件"→"新建"命令，打开"新建"对话框，新建一个"名称"为商场节日促销宣传单，"大小"为 15 厘米×10 厘米，"分辨率"为 300，"颜色模式"为 RGB 模式，"背景内容"为白色的文件，如图 9-28 所示。

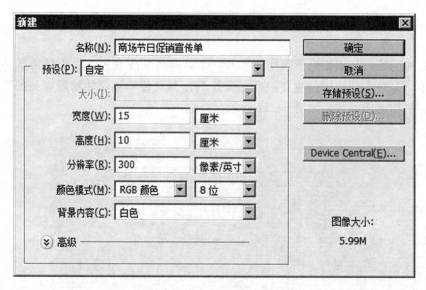

图 9-28　"新建"对话框

（2）选择"渐变工具" ，在工具选项栏上单击"点按可编辑"按钮 ，打开"渐变编辑器"对话框，颜色设置为绿、粉和橘黄色，如图 9-29 所示，单击"确定"按钮；在画布内从上而下填充"线性"渐变，效果如图 9-30 所示。

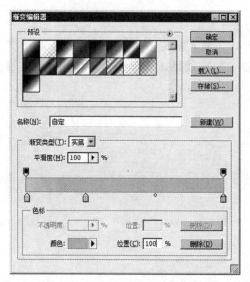

图 9-29　"渐变编辑器"对话框

图 9-30　渐变填充效果

任务 2　输入并编辑文字

操作步骤

（1）设置前景色为白色，单击工具箱中的"横排文字工具" **T**，在画布内单击，输入文字"盛明百货节日倾情奉献"，如图 9-31 所示。

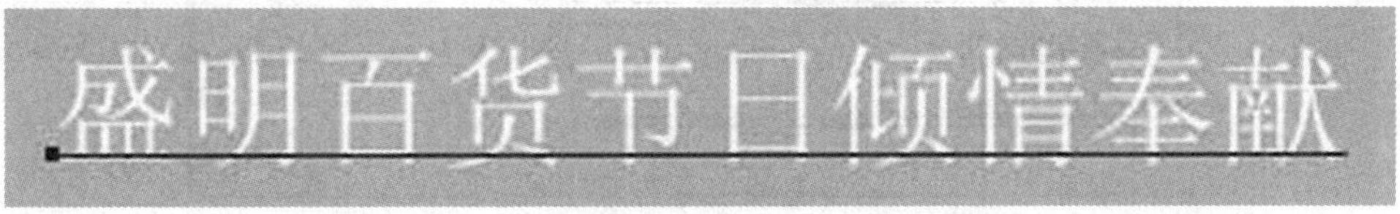

盛明百货节日倾情奉献

图 9-31　输入文字

（2）单击工具选项栏上的"切换字符和段落面板"按钮 ▤，打开"字符和段落"面板，设置如图 9-32所示的参数，文字效果如图 9-33 所示。

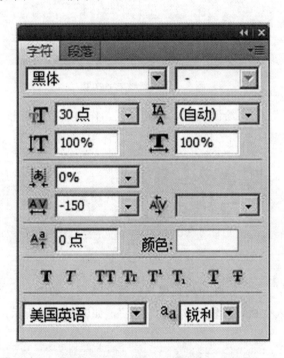

图 9-32　设置文字格式

盛明百货节日倾情奉献

图 9-33　文字效果

（3）单击工具选项栏的"创建文字变形"按钮 ，打开"变形文字"对话框，设置如图 9-34 所示参数，单击"确定"按钮，效果如图 9-35 所示。

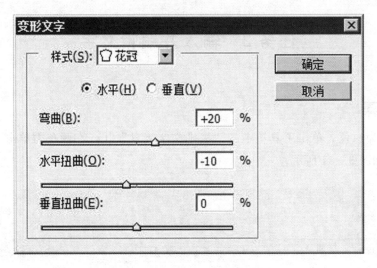

图9-34 "变形文字"对话框

图9-35 变形文字效果

（4）选择"椭圆选框工具"◯，绘制椭圆，填充绿色，作为文字的背景。选择"横排文字工具"**T**，在画布内单击，输入文字"5.1日至5.7日"，字体为"黑体"，大小为"14点"，效果如图9-36所示。

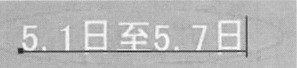

图9-36 输入文字

（5）选择"横排文字工具"**T**，在画布内拖曳出段落文本框，如图9-37所示，输入文字"节日大酬宾"，按下Enter键换行，输入空格，再输入文字"低至"，如图9-38所示。

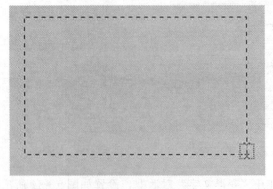

图9-37 拖曳段落文本框

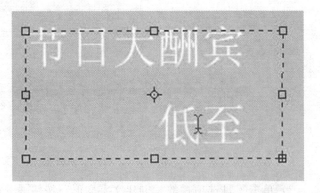

图9-38 输入段落文字

（6）单击"切换字符和段落面板"按钮，打开"字符和段落"面板，设置如图 9-39 所示的参数，文字效果如图 9-40 所示。

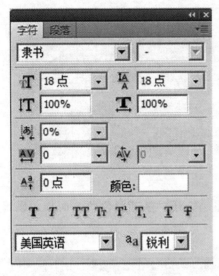

图 9-39　文字格式设置　　　　　　　　　　图 9-40　文字效果

（7）选择"横排文字工具"T，在画布内单击，输入文字"6 折"，字体为"华文彩云"，"6"字大小为 80 点，"折"字大小为 60 点，效果如图 9-41 所示。

（8）单击"图层"调板下方的"添加图层样式"按钮 fx，在弹出的菜单中选择"外发光"选项，打开"图层样式"对话框，设置如图 9-42 所示的参数，单击"确定"按钮，效果如图 9-43 所示。

图 9-41　输入华文彩云文字

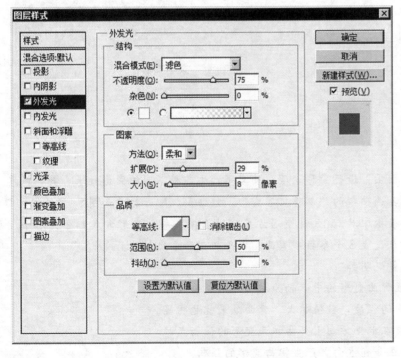

图 9-42　"图层样式"对话框　　　　　　　图 9-43　外发光效果

（9）选择"横排文字工具" **T**，在画布内拖曳出段落文本框，输入文字"名品推荐"，按 Enter 键换行，再输入如图 9-44 所示的其他文字。

图 9-44　输入段落文字

（10）单击工具选项栏上的"切换字符和段落面板"按钮，打开"字符和段落"面板，设置如图 9-45 所示的参数，效果如图 9-46 所示。

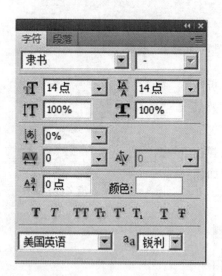

图 9-45　设置文字格式

图 9-46　文字效果

 知识百科

一、变形文字

在 Photoshop 中，可以对"文字图层"进行变形处理，使文字产生各种不同的变形效果。具体操作方法是：选中需要变形的文字，单击工具选项栏的"创建文字变形"按钮，即可打开如图 9-47 所示"变形文字"对话框。在"样式"下拉列表框中共有 15 种变形方式可供选择，每种变形方式都分为水平、垂直两个方向的变形，每个方向变形均可设置 3 个参数：弯曲、水平扭曲和垂直扭曲。

在"变形文字"对话框中，各参数说明如下。

"水平"或"垂直"单选框：设置弯曲变形的中心轴为水平方向或垂直方向。

"弯曲"选项：设置文字图层弯曲的程度，数值越大，弯曲效果就越明显。

"水平扭曲"选项：设置文字图层在水平方向上产生扭曲变形的强弱。

"垂直扭曲"：设置"文字图层"在垂直方向上产生扭曲变形的强弱。

适当地运用"文字图层"的变形功能，可以创建很多绚丽多彩的效果。

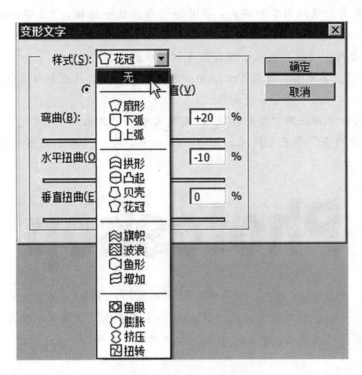

图 9-47 "变形文字"对话框

二、段落调板

在 Photoshop 中,"段落"指的是末尾带有回车的任何范围的文字,如果要对段落的属性进行设置,就要使用"段落"调板。执行"窗口"→"段落"命令,或单击文字工具选项栏的"切换字符段落面板"按钮▤,选择"段落"选项卡,可以打开"段落"调板,如图 9-48 所示。

"段落"调板上的各按钮功能如下。

"横排段落文字对齐方式"按钮▤▤▤ ▤▤▤ ▤:分别是"左对齐""水平居中对齐""右对齐""最后一行左对齐""最后一行居中对齐""最后一行右对齐""全部水平对齐"。如果段落为竖排文字,则对应的按钮变为"竖排段落文字对齐方"▥▥▥ ▥▥▥,分别表示"上对齐""垂直居中对齐""下对齐""最后一行顶对齐""最后一行居中对齐""最后一行底对齐""全部垂直对齐"。

"左缩进"按钮▸▤ 0点 :段落左端缩进,对于垂直文字,该按钮控制从段落顶端缩进。

"右缩进"按钮▤▸ 0点 :段落右端缩进,对于垂直文字,该按钮控制从段落底部缩进。

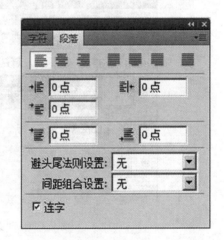

图 9-48 "段落"调板

"首行缩进"按钮▝▤ 0点 :缩进段落文字的首行。

"段前添加空格"按钮▤ 0点 :设置段落前的间距。

"段后添加空格"按钮▤ 0点 :设置段落后的间距。

三、文字图层

在 Photoshop 中单击"横排文字工具"**T**,在画布中输入文字,即可创建一个文字图层。与"普通图层"相比,"文字图层"具有以下特点。

（1）"文字图层"含有文字的内容和格式，并且还可以修改和编辑，"文字图层"的缩览图中有一个"T"符号。

（2）Photoshop将会用当前输入的文字内容作为"文字图层"的名称。

（3）在"文字图层"上不能直接使用Photoshop的绘画和修饰工具绘制和编辑图像。

（4）"文字图层"可以对文字进行多种变形。

（5）"文字图层"可以直接应用"图层样式"，实现文字的"投影""外发光""内发光""斜面和浮雕""图案叠加""光泽效果"等艺术效果。图9-49所示，即为应用了"图层样式"得到的文字艺术效果。

图9-49　应用图层样式的文字图层效果

【贴心提示】　对于文字图层可以通过执行"编辑"→"变换"子菜单中的命令对文字进行"旋转""缩放"和"斜切"等操作，但是不能进行"扭曲"和"透视"变换。

四、栅格化文字

文字图层不能直接使用滤镜命令。如果需要在文字图层上绘制图像或运用滤镜命令，则必须先栅格化文字，将文字图层转化为普通图层，即将文字转换为图像。

转化的方法是：激活文字图层，执行"图层"→"栅格化"→"图层"命令，或者执行"图层"→"栅格化"→"文字"命令。图9-50是"文字图层"栅格化前后在"图层"调板中的变化。

图9-50　"文字图层"转化为"普通图层"的前后对比

任务3　导入素材

操作步骤

（1）执行"文件"→"打开"命令，打开素材文件"素材9-01"，选中素材中的人物，移动到画布内，调整到合适的大小和位置，效果如图9-51所示。

图 9-51 导入素材 9-01

（2）用同样的方法依次导入"素材 9-02"至"素材 9-05"，效果如图 9-52 所示，最终效果如图 9-53 所示。

图 9-52 导入其他素材

图 9-53 最终效果

（3）执行"文件"→"存储"命令，保存制作好的商场促销宣传单。

项目小结

Photoshop 中利用文字工具可以输入文字，利用字符调板和段落调板可以设置文字格式。利用"变形文字"对话框可以设置不同的编写文字，如果以"文字图层"为媒介可以方便地设置文字的投影、发光、渐变叠加、描边、斜面和浮雕等效果。

知识拓展

转换文字

在 Photoshop 中，创建文字图层以后可以将文字转换成普通图层进行编辑，也可以将文字图层转换成形状图层或者生成路径。转换过后的文字图层可以像普通图层那样进行移动、重新排放、复制，还可以设置各种滤镜效果。

1. 文字图层转换为普通图层

在 Photoshop 中，若要编辑文字图层，可通过执行"图层"→"栅格化"→"文字"命令，将其转换为普通的像素图层。

图 9-54 所示的为文字图层对应的"图层"调板，而图 9-55 所示为将文字图层转换为普通图层后的"图层"调板。此时图层上的文字就完全变成了像素信息，不能再进行文字编辑操作，但可以执行所有图像可执行的命令。

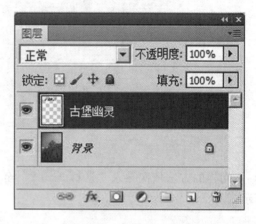

图 9-54　文字图层　　　　　　　　　　　　　　图 9-55　普通图层

2. 文字图层转换为形状图层

执行"图层"→"文字"→"转换为形状"命令，可以看到将文字转换为与其路径轮廓相同的形状，相应的文字图层也转换为与文字路径轮廓相同的形状图层，如图 9-56 所示。文字效果的转换如图 9-57 所示。

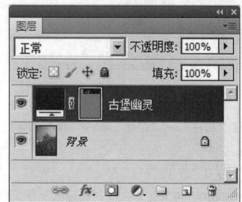

图 9-56　文字图层转换为形状图层

图 9-57　文字转换为形状

3. 生成路径

执行"图层"→"文字"→"创建工作路径"命令，可以看到文字上有路径显示，在"路径"调板看到由文字图层得到与文字外形相同的工作路径，如图 9-58 所示。

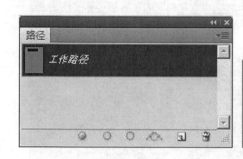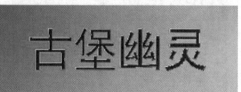

图 9-58　工作路径及效果

单元小结

- 掌握文字工具及文字蒙版工具的使用。
- 掌握变形文字的设定。
- 掌握文字图层栅格化及图层样式的设定。
- 掌握"字符"调板和"段落"调板的使用。
- 掌握文字的转换。

实训练习

1. 制作如图 9-59 所示的个性名片。

操作提示：使用"钢笔工具"绘制背景图形，转换为选区后填充颜色，利用"文字工具"输入文案。

图 9-59　个性名片效果

2. 制作美食节海报，效果如图 9-60 所示。

操作提示：首先制作文字背景。填充浅橙色，执行"滤镜"→"纹理"→"纹理化"命令，利用减选区运算，分别绘制矩形选区和椭圆选区，得到如图 9-61 所示的选区。反选并删除选区的纹理。然后导入素材并调整到合适的大小和位置，如图 9-62 所示。最后输入文字并进行编辑，得到如图 9-60 所示的效果。

图 9-60　美食节海报效果

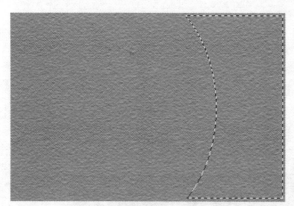

图 9-61　绘制选区

图 9-62　导入素材

第 10 单元
通道和 3D 图像

　　本单元一方面介绍通道的作用及分类，学生应认识通道与选区之间的关系，掌握通道调板的使用以及利用通道制作精确选区的方法；另一方面 3D 对象的概念，学生应学会使用"对象旋转工具"和"相机旋转工具"，掌握创建 3D 对象的方法和编辑纹理的方法。

　　本单元包括以下 2 个项目。

　　项目 1　婚纱抠图

　　项目 2　制作多彩礼帽

项目 **1**　婚纱抠图

项目描述

　　森林里飞出了天使，就像梦幻般的童话……使用通道不仅可以抠出图像来，还能将半透明效果的图像或细毛发等抠出，譬如婚纱，就能很好地将那种半透明的朦朦胧胧的质感表现出来，试一试吧！效果如图 10-1 所示。

图 10-1　婚纱抠图效果

项目分析

　　首先，选取新娘图片的通道信息，利用通道技术将新娘从背景中分离出来，然后将通道作为选区载入，最后将新娘与森林图片进行图像合成。本项目可分解为以下任务：

- 选取合适的通道信息将人物与背景分离。
- 将通道作为选区载入并进行图像合成。

项目目标

- 掌握通道调板的使用。
- 掌握通道的操作。
- 了解通道与选区的关系。
- 掌握运用通道精确抠图的方法。

任务 1　选取合适的通道信息将人物与背景分离

操作步骤

（1）打开素材图片"新娘.jpg"，如图 10-2 所示。

（2）执行"窗口"→"通道"命令，打开"通道"调板，可以发现在"通道"调板中共有 4 个通道，分别为 RGB 复合通道、红单色通道、绿单色通道、蓝单色通道。

（3）红通道中的图像亮度较高，人物与背景图案的对比度较大，因此复制红通道，"通道"调板如图 10-3 所示。

（4）以"红副本"通道为当前通道，执行"图像"→"调整"→"反相"命令，再执行"图像"→"调整"→"色阶"命令，打开"色阶"对话框，设置如图 10-4 所示的参数，以提高对比度，加大反差，效果如图 10-5 所示。

（5）用"钢笔工具"或"磁性套索工具"勾勒出整个人物的轮廓，这里选择"钢笔工具" ✎ ，在工具选项栏单击"路径"按钮 ，进行人物勾勒，效果如图 10-6 所示。

图 10-2　素材图片"新娘.jpg"

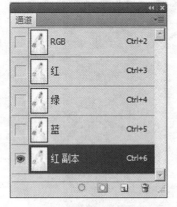

图 10-3　"通道"调板

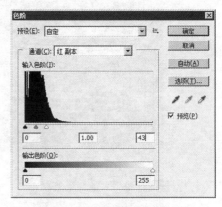

图 10-4　"色阶"对话框

图 10-5　增强对比度效果

图 10-6　勾勒轮廓

（6）单击"路径"调板下方的"将路径作为选区载入"按钮 ⊙ ，将路径转换为选区，执行"选择" → "反向"命令，反选选区，填充黑色，按"Ctrl＋D"组合键取消选区。

（7）单击"通道"调板下方的"将通道作为选区载入"按钮 ⊙ ，将"红副本"通道作为选区载入，效果如图 10－7 所示。

（8）回到"RGB"复合通道，拷贝选区内的图像，效果如图 10－8 所示。

图 10－7 载入红副本通道

图 10－8 拷贝图像

【贴心提示】   在通道中，显示白色的区域为选择区域，黑色区域为非选择区域，因此要尽量调整为黑白分明的效果。

 ## 知识百科

一、通道概述

通道是存储不同类型信息的灰度图像。Photoshop 将图像的原色数据信息分开保存，人们把保存这些原色信息的数据带称为"颜色通道"，简称为通道。通道可以存放图像的颜色信息，还可以存放用户定义的选区信息，从而使用户可以用较为复杂的方式操作图像中特定的部分。

当一个新图像被打开时，Photoshop 就会自动创建一组颜色信息通道，通道的数目和图像本身的色彩模式相关，对于不同模式的图像，其通道的数量是不一样的。在 Photoshop 中，对于一个 RGB 图像，有 RGB、R、G、B 四个通道；对于一个 CMYK 图像，有 CMYK、C、M、Y、K 五个通道；如图 10－9 和图 10－10 所示。而对于一个 Lab 模式的图像，有 Lab、L、a、b 四个通道。在默认情况下，"通道"调板中的所有通道都是以灰度显示。

图 10－9 RGB 模式通道

图 10－10 CMYK 模式通道

二、通道的分类

通道分为复合通道、颜色通道、Alpha 通道和专色通道，经常使用的是 Alpha 通道。

1. 复合通道

复合通道不包含任何信息，事实上它只是同时预览并编辑所有颜色通道的一个快捷方式，通常被用来在单独编辑完一个或多个颜色通道后使通道面板返回到它的默认状态。通常情况下，每个颜色模式下的图像都有一个用于编辑图像的复合通道。例如，RGB 图像有 4 个通道，其中 3 个颜色通道，1 个复合通道；而 CMYK 图像则有 5 个通道，4 个颜色通道和 1 个复合通道。

2. 颜色通道

颜色通道是在打开新图像时自动创建的。图像的颜色模式决定了所创建的颜色通道的数量，即图像的每种颜色都有一个颜色通道。例如，RGB 图像有 R、G、B 三个颜色通道；CMYK 图像有 C、M、Y、K 四个颜色通道；而灰度图像只有 1 个颜色通道，里面包含了所有将被打印或显示的颜色。

3. Alpha 通道

Alpha 通道是计算机图形学中的术语，指的是特别的通道。Alpha 通道将选区存储为灰度图像，因此常常用于保存选取范围，而且不会影响图像的显示和印刷效果。另外也可以添加 Alpha 通道来创建和存储蒙版，这些蒙版用于处理或保护图像的某些部分。

4. 专色通道

专色通道指用于专色油墨印刷的附加印版。

【贴心提示】

(1) 一个图像最多可有 56 个通道。通道所需的文件大小由通道中的像素信息决定。某些文件格式（包括 TIFF 和 PSD 格式）将压缩通道信息用以节约空间。

(2) 只要以支持图像颜色模式的格式存储文件，即会保留颜色通道。只有当以 PSD、PDF、PICT、TIFF、Raw 格式存储文件时，才保留 Alpha 通道，以其他格式存储文件可能会导致通道信息丢失。

任务 2　将通道作为选区载入并进行图像合成

操作步骤

(1) 打开素材图片"森林.jpg"，将婚纱图像粘贴到这个文件中，如图 10-11 所示。此时图像的人物部分是半透明状态。

图 10-11　粘贴图像

（2）返回到婚纱图像中，用"钢笔工具" ✐ 或"套索工具" ◯ 将人物的不透明部分选出，如图 10-12所示。

（3）执行"选择"→"修改"→"羽化"命令，打开"羽化选区"对话框，设置"羽化半径"为 2 个像素，如图 10-13 所示，单击"确定"按钮，将选区内容复制到"森林"图片中，与刚才的婚纱图像重合，效果如图 10-14 所示。

图 10-12　抠出不透明部分

图 10-13　"羽化选区"对话框

图 10-14　复制图像并重合

（4）按 Ctrl 键依次选中"图层 1"和"图层 2"，单击"图层"调板下方的"链接图层"按钮 ⊂⊃，将选中的图层链接起来，如图 10-15 所示。

（5）执行"编辑"→"自由变换"命令调整图像大小和位置，效果如图 10-16 所示。

（6）执行"文件"→"存储为"命令，在打开的"存储为"对话框中将图像文件保存为"婚纱抠图 . psd"。

图 10 - 15 "图层"调板

图 10 - 16 调整位置和大小

知识百科

"通道"调板的操作

1. 将通道作为选区载入

当需要将通道的内容转换为选区时，可以进行载入操作。

(1) 按下 Ctrl 键并单击需要载入的通道。

(2) 单击"通道"调板下的"将通道作为选区载入"按钮 。

(3) 执行"选择"→"载入选区"命令，打开"载入选区"对话框，如图 10 - 17 所示，选择所要载入的通道。

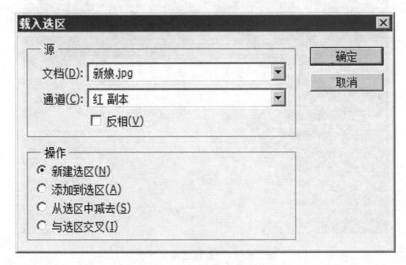

图 10 - 17 "载入选区"对话框

2. 将选区存储为通道

(1) 单击"通道"调板下的"将选区存储为通道"按钮 生成一个新的 Alpha 通道。

(2) 执行"选择"→"存储选区"命令，打开"存储选区"对话框，如图 10 - 18 所示。如果不给这个新建的通道命名，那么会自动命名为 Alpha 1。

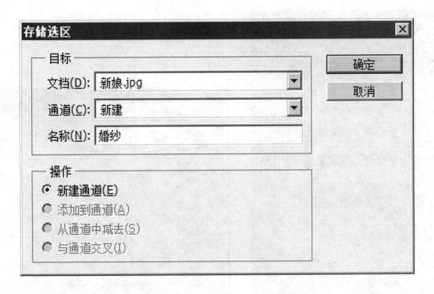

图 10-18　"存储选区"对话框

3. 新建通道

只能新建 Alpha 通道。执行"窗口"→"通道"命令，打开"通道"调板，单击"通道"调板下方的"创建新通道"按钮 即可新建一个 Alpha 通道，如图 10-19 所示。

4. 复制 Alpha 通道

在编辑通道之前，可以复制图像的通道以创建一个备份。另外也可以将 Alpha 通道复制到新图像中以创建一个选区库，并将选区逐个载入当前图像以保持文件较小。

（1）在"通道"调板中拖动要复制的 Alpha 通道到 按钮上即可复制一个 Alpha 通道的副本，如图 10-20 所示。

图 10-19　新建 Alpha 1 通道

图 10-20　复制通道

（2）打开（或新建）一个文件，激活要复制通道的图像，并在"通道"调板中拖动要复制的通道到打开（或新建）的文件呈抓手状时松开鼠标左键，此时可将源文件中的 Alpha 通道复制到目标文件中，如图 10-21 所示。

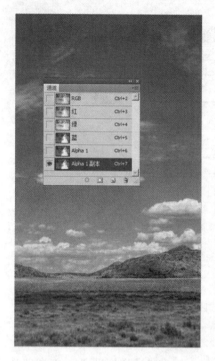

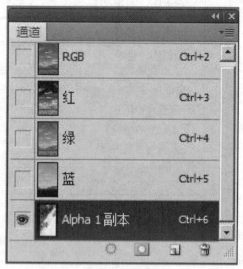

图 10-21　在图像间复制通道

【贴心提示】　如果要在图像之间复制 Alpha 通道，则通道必须具有相同的像素尺寸。

5. 删除通道

当不再需要某通道时，可将其删除。在"通道"调板中，拖动要删除的通道到"删除当前通道"按钮 🗑 上即可删除该通道。

（项目小结）

通道是 Photoshop 处理图像的高级功能和生成众多特殊效果的基础。当需要对复杂图像进行抠图时，利用通道不失为一个好的方法，可以将通道转换为选区进行处理，因此通道其实就是另一种图层，只是编辑方法与普通图层不同。

项目 2 制作多彩礼帽

项目描述

Photoshop 添加了用于创建和编辑 3D 及基于动画内容的突破性工具，利用 Photoshop 所提供的 3D 功能可以很轻松地创建 3D 模型并编辑 3D 贴图，譬如多彩礼帽，不信？试一试吧！参考效果如图 10-22 所示。

图 10-22 多彩礼帽

项目分析

首先，利用"帽形"命令创建 3D 礼帽形状，然后利用"3D（材质）"面板及"载入纹理"命令对 3D 形状进行贴图及编辑操作。本项目可分解为以下任务：

- 创建 3D 礼帽形状。
- 载入并编辑纹理。

项目目标

- 掌握 3D 调板的使用。
- 掌握 3D 形状的创建。
- 掌握材质的选择方法。
- 掌握载入纹理的方法。

任务1 创建3D礼帽形状

操作步骤

（1）执行"文件"→"新建"命令，打开"新建"对话框，设置如图10-23所示参数。

（2）单击"确定"按钮，新建一空白文档，执行"3D"→"从图层新建形状"→"帽形"命令，新建如图10-24所示3D形状。

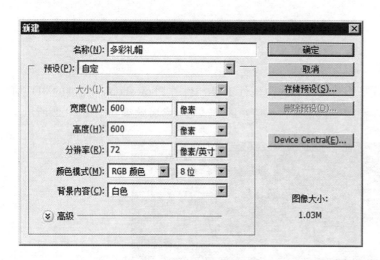

图10-23 "新建"对话框

图10-24 帽子形状

【贴心提示】 在Photoshop中必须先设定"启用OpenGL绘图"选项，才能更好地使用3D功能。OpenGL是一种软件和硬件标准，可以在处理大型或复杂图像时加速视频处理过程。方法是：执行"编辑"→"首选项"→"性能"命令，在弹出的"首选项"对话框中勾选"启用OpenGL绘图"复选框即可。

 知识百科

3D功能一直是Photoshop软件中最大的一项革新功能，从Photoshop CS3新增3D功能到现在，已经经历了多次更新和升级，功能也日趋完善，能够完成一些常见的特效与立体效果制作工作。

使用3D功能可以很轻松地将3D模型引入到当前操作的Photoshop图像文件中，能将二维图像与三维图像有机地结合到一起，丰富画面。Photoshop CS5支持多种3D文件格式，可以创建、合并、编辑3D对象的形状和材质。

一、认识3D图像

Photoshop CS5为实现3D功能，专门提供了3D菜单，它可以帮助用户创建3D文件、渲染图像、图像表面处理、UV材质、合并与输出。

使用3D功能可以实现从二维空间到三维空间的转换，制作出更加精彩的效果，让图像的变化更加丰富。具体操作如下：

（1）打开如图10-25所示的素材图片，选择"横排文字工具" **T**，在图像编辑窗口中输入相应的文字，如图10-26所示。

图 10-25　素材图片

图 10-26　输入文字

（2）执行"3D"→"凸纹"→"文本图层"命令，弹出信息提示框，要求栅格化文本图层，单击"是"按钮，打开"凸纹"对话框，设置如图 10-27 所示参数。

（3）单击"确定"按钮，输入的文字即可产生立体效果。选择"3D 对象旋转工具" ，向上和向左旋转图像，效果如图 10-28 所示。

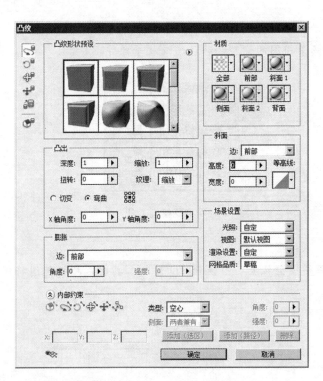

图 10-27　"凸纹"对话框

图 10-28　立体字效果

二、打开 3D 图像

执行"文件"→"打开"命令，在弹出的"打开"对话框中单击"文件类型"下三角，在弹出的列表中选择 Photoshop 所支持的 3D 文件格式，如图 10-29 所示，选中文件后单击"打开"按钮，即可打开 3D 图像，如图 10-30 示。

图 10-29 "打开"对话框

图 10-30 3D图像

【贴心提示】 在 Photoshop 中支持的三维模型文件格式有 3ds、.obj、.u3d、.kmz 和 .dae 五种。

三、使用 3D 工具

使用工具箱的 3D 对象工具（如图 10-31 所示）可以完成对 3D 对象的移动、旋转、缩放等操作，使用 3D 相机工具（如图 10-32 所示）可以完成对场景视图的旋转、移动、缩放等操作。

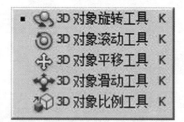

图 10-31 3D 对象工具

图 10-32 3D 相机工具

1. 3D 对象工具

可以利用 3D 对象工具来旋转、缩放模型或调整模型位置，当使用 3D 对象工具时，相机视图将保持固定。

3D 对象工具选项栏如图 10-33 所示。

图 10-33 "3D 对象工具"选项栏

"旋转 3D 对象"：上下拖动可将模型围绕其 X 轴旋转，两侧拖动可将模型围绕其 Y 轴旋转，按住 Alt 键的同时进行拖动可滚动模型。

"滚动 3D 对象"：两侧拖动可使模型绕 Z 轴旋转。

"拖动 3D 对象"：两侧拖动可沿水平方向移动模型，上下拖动可沿垂直方向移动模型，按住 Alt 键的同时进行拖动可沿 X/Z 方向移动。

"滑动 3D 对象" ：两侧拖动可沿水平方向移动模型，上下拖动可将模型移近或移远，按住 Alt 键的同时进行拖动可沿 X/Y 方向移动。

"缩放 3D 对象" ：上下拖动可将模型放大或缩小，按住 Alt 键的同时进行拖动可沿 Z 方向缩放。

2. 3D 相机工具

可以利用 3D 相机工具来移动相机视图，同时保持 3D 对象的位置固定不变。

3D 相机工具选项栏如图 10-34 所示。

图 10-34 "3D 相机工具"选项栏

"环绕移动 3D 相机" ：拖动以将相机沿 X 或 Y 方向环绕移动，按住 Alt 键的同时进行拖动可滚动相机。

"滚动 3D 相机" ：拖动以滚动相机。

"用 3D 相机拍摄全景" ：拖动以将相机沿 X 或 Y 方向平移，按住 Alt 键的同时进行拖动可沿 X 或 Z 方向平移。

"与 3D 相机一起移动" ：拖动以步进相机（Z 转换和 Y 旋转），按住 Alt 键的同时进行拖动可沿 Z/X 方向步览（Z 平移和 X 旋转）。

"变焦 3D 相机" ：拖动以更改 3D 相机的视角，最大视角为 180 度透视相机（仅缩放）显示汇聚成消失点的平行线。

3. 3D 轴的应用

执行"视图"→"显示"→"3D 轴"命令，可以显示 3D 轴，通过 3D 轴可以完成对 3D 图像的移动、缩放和旋转等操作。

（1）若要移动图像可以将光标放到坐标轴的锥尖上，然后按住鼠标左键向对应的方向拖动即可移动图像，如图 10-35 所示。

图 10-35 移动图像

（2）若要旋转 3D 对象，可以将光标放到 3D 轴的锥尖下面弯曲线段上，此时将出现一个黄色的圆圈，按住鼠标左键拖动相应的位置，即可旋转图像，如图 10-36 所示。

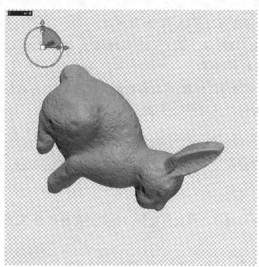

图 10-36　旋转图像

（3）若要缩放 3D 对象，可以将光标放到 3D 轴最下端的白色方块上或旋转的弯曲线段下的方块上，这里"白的方块"是对图像整体缩放，而旋转的"弯曲线段"下的方块是根据该坐标轴的方向对图像进行缩放，如图 10-37 所示。

图 10-37　缩放图像

【贴心提示】　　也可以使用 3D 轴功能来移动、旋转、缩放相机工具，其操作方法大致相同，唯一的区别是缩放相机工具只能沿着一个或两个方向对画面进行缩放，不能改变图像的比例。

四、创建 3D 文件

在 Photoshop 中可以直接利用创建文件的命令来创建 3D 文件。

1. 从 3D 文件新建图层

在 3D 功能中，3D 图层不能直接进行创建，当执行"3D"→"从 3D 文件新建图层"命令后，若弹出的下拉菜单为灰色，如图 10-38 所示，表明该命令不能被正常使用，同时所有创建命令都不能正确执行。执行"3D"→"从 3D 文件新建图层"命令，弹出"打开"对话框，打开某 3D 文件，系统将把 3D 文件作为图层直接创建。该命令只能导入 3D 文件格式，其他文件格式均不支持，如图 10-39 所示。

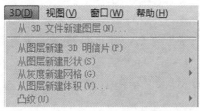 

图 10-38　菜单为灰色　　　　　　　　　图 10-39　3D 文件格式

2. 从图层新建 3D 明信片

新建一空白文件，执行"3D"→"从图层新建 3D 明信片"命令，可将原来的普通图层（背景图层）转换为 3D 图层模式，观察"图层"调板，会发现显示选项中增加了"纹理"和"漫射"，并且这两个工具已经发生变化，如图 10-40 所示。

图 10-40　普通图层转换为 3D 图层

3. 从图层新建形状

新建一空白文件，执行"3D"→"从图层新建形状"命令，在其子菜单中可选择创建锥形、立方体、立体环绕、圆柱体、圆环、帽形、金字塔、环形、易拉罐、球体、球面全景和酒瓶等 12 种图形，如图 10-41 所示。

4. 从灰度新建网格

新建一空白文件，执行"3D"→"从灰度新建网格"命令，在其子菜单中可选择创建平面、双面平面、圆柱体、球体等 4 种 3D 对象，如图 10-42 所示。

图 10-41　可创建的 3D 形状　　　　　　图 10-42　可创建的 3D 对象

5. 凸纹

"凸纹"子菜单中一共包含文本图层、图层蒙版等8个命令用来创建一些特殊的三维效果。

新建一空白文件，输入文字，执行"3D"→"凸纹"→"文本图层"命令，弹出栅格化文字图层提示框，提醒用户进行凸纹处理前必须将文字图层栅格化，单击"是"按钮，打开"凸纹"对话框，在其中进行如图10-43所示的参数设置，单击"确定"按钮，文本图层的3D效果如图10-44所示。

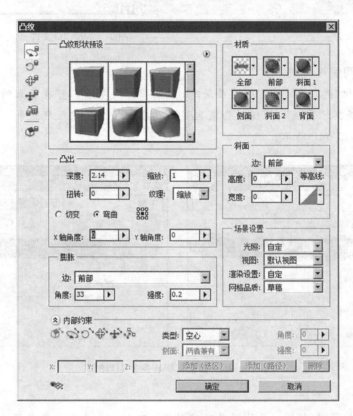

图10-43 "凸纹"对话框

图10-44 文本图层3D文字效果

任务2 载入并编辑纹理

操作步骤

（1）执行"窗口"→"3D"命令，打开"3D"调板，单击"滤镜材质"按钮，切换到"3D（材质）"调板，选择"帽子材质"选项，如图10-45所示参数。

（2）单击"编辑漫射纹理"按钮，在弹出的面板菜单中选择"载入纹理"命令，如图10-46所示。

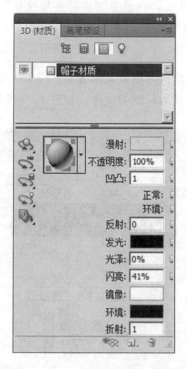

图 10 - 45　"3D（材质）"面板

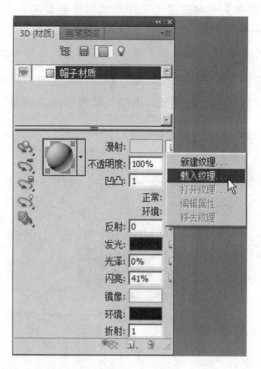

图 10 - 46　选择"载入纹理"命令

（3）在弹出的"打开"对话框中选择需要载入的纹理文件，如图 10 - 47 所示。

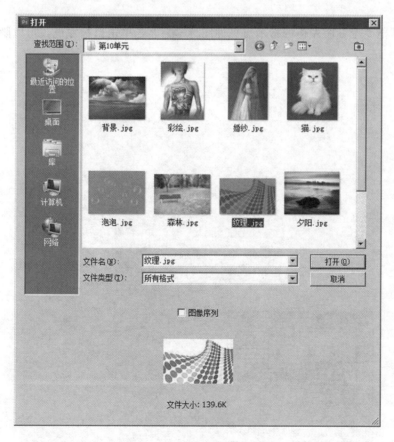

图 10 - 47　"打开"对话框

【**贴心提示**】 如果要为某一个纹理映射新建一个纹理映射贴图，可单击"编辑漫射纹理"按钮，在弹出的面板菜单中选择"新建纹理"命令，在弹出的对话框中设置相应的参数即可；如果要删除纹理映射贴图，可单击"编辑漫射纹理"按钮，在弹出的面板菜单中选择"移去纹理"命令即可。

（4）单击"确定"按钮，即可载入所选纹理，此时图像编辑窗口的图像显示效果如图 10 - 48 所示。

（5）将鼠标指针拖曳至"图层"调板中的"纹理"上，可以显示贴图缩览图，如图 10 - 49 所示。

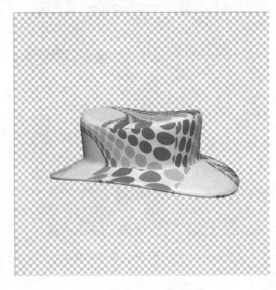

图 10 - 48　载入纹理

图 10 - 49　查看贴图

（6）将鼠标指针拖曳至贴图左侧的指示可见性图标 👁 上，单击鼠标左键，可以隐藏该贴图，效果如图 10 - 50 所示。

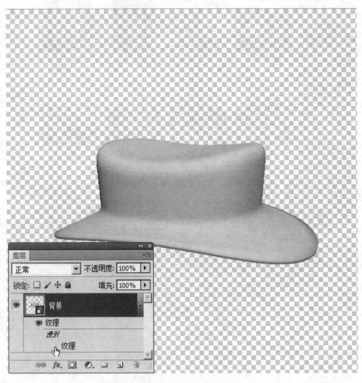

图 10 - 50　隐藏贴图

（7）再次单击贴图左侧空白处，即可显示该图标 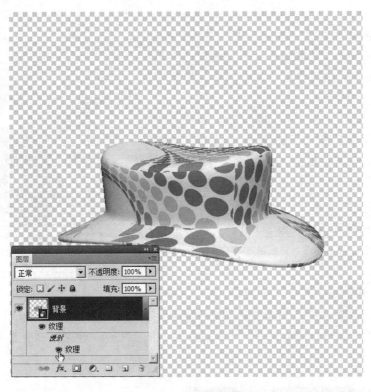，此时该贴图又显示出来，效果如图 10-51 所示。

图 10-51 再次显示贴图

（8）设置前景色为白色，按 "Alt+Delete" 组合键，填充贴图，效果如图 10-52 所示。

（9）执行 "文件" → "打开" 命令，在弹出的 "打开" 对话框中打开素材图片 "泡泡.jpg"，选择 "移动工具" ，将制作好的帽子拖曳至 "泡泡" 图片上并调整好位置，效果如图 10-53 所示。

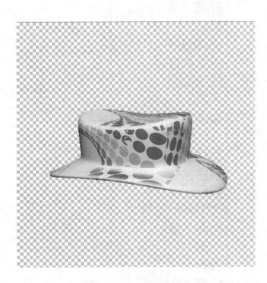

图 10-52 填充贴图

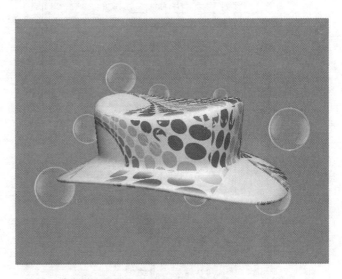

图 10-53 将帽子移至背景图片上

（10）合并图层，执行 "文件" → "存储为" 命令，打开 "存储为" 对话框，将制作好的文件以 "多彩礼帽.psd" 为文件名重新保存。

知识百科

一、3D 调板

在使用 Photoshop 创建 3D 对象后，"3D"调板中就会出现与之相关的选项，用户可通过这些选项了解创建的 3D 对象是由哪些项目组成的，通过这些项目来编辑和修改 3D 对象。

打开一个 3D 对象，如图 10-54 所示，执行"窗口"→"3D"命令，弹出如图 10-55 所示的"3D"调板。在 Photoshop 中，"3D"调板共由"3D场景""3D网格""3D材质"和"3D光源"4 个模式组成，默认情况下，"3D"调板以 3D 场景模式显示，此时"滤镜：整个场景"按钮被激活，调板中将显示选中的 3D 图层中每一个 3D 对象的网格、材质、光源等信息。

图 10-54　打开的 3D 对象

1. 3D 场景

Photoshop 的 3D 场景可以用来设置 3D 对象的渲染模式，修改对象的纹理，如图 10-55 所示也为"3D（场景）"调板。

（1）渲染设置：指定模型的渲染预设，共有如图 10-56 所示 16 种渲染预设供选择，图 10-57 为各渲染预设的效果。

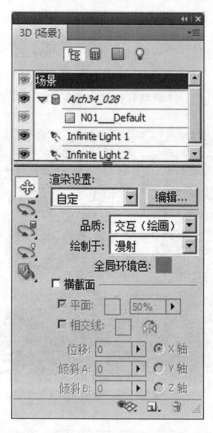

图 10-55　"3D"调板

图 10-56　渲染预设

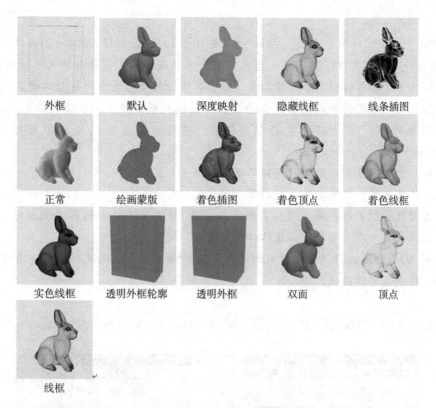

外框	默认	深度映射	隐藏线框	线条插图
正常	绘画蒙版	着色插图	着色顶点	着色线框
实色线框	透明外框轮廓	透明外框	双面	顶点
线框				

图 10-57 渲染预设效果

(2) 品质：用于保持优良性能的同时呈现最佳的显示效果。共有交互（绘画）、光线跟踪草图、光线跟踪最终效果 3 个选项选择。

● 交互（绘画）：使用 OpenGL 进行渲染时可以利用视频卡上的 GPU 产生高品质的效果，但缺乏细节的反射和阴影，适合对 3D 对象渲染的编辑。

● 光线跟踪草图：使用计算机主板上的 CPU 进行渲染，具有草图品质的反射和阴影。

● 光线跟踪最终效果：完全渲染反射和阴影，适合于最终输出。

(3) 绘制于：直接在 3D 模型上绘画时，从漫射、凹凸、光泽度、不透明度、反光度、自发光、反射中选择一种要在其上绘制的纹理映射。

(4) 全局环境色：设置在反射表面上可见的全局环境光的颜色。该颜色与用于特定材质的环境色产生相互作用。

(5) 横截面：勾选该复选框可以创建以所选角度与模型相交的平面横截面，这样可以切入模型内部，查看图像里面的内容。图 10-58 所示为没有勾选"横截面"和勾选"横截面"的效果对比。

图 10-58 未勾选（左）"横截面"与勾选（右）"横截面"的效果对比

2. 3D 网格

在"3D"调板中单击"滤镜：网格"按钮 ，将调板切换至"3D（网格）"调板，如图 10 - 59 所示。3D 模型中的每一个网格都出现在"3D"调板顶部的单独线条上，选择网格可以访问网格设置和调板底部的信息，包括应用于网格的材质和纹理数量，以及其中所包含的顶点和表面的数量。

（1）捕捉阴影：控制选定网格是否在其表面上显示其他网格所产生的阴影。若想在网格上捕捉地面所产生的阴影，则执行"3D"→"地面阴影捕捉器"命令，若想将这些阴影与对象对齐，则执行"3D"→"将对象贴紧地面"命令。

（2）投影：控制选定网格是否投影到其他网格表面上。

（3）不可见：隐藏网格，但显示其表面的所有阴影。

（4）阴影不透明度：控制选定网格投影的柔和度，将 3D 对象与下面的图层混合时，该设置很有用。若想查看阴影，必须设置光源并为渲染品质选择光线跟踪。

单击"3D（网格）"调板顶部网格名称前面的眼睛图标 可显示或隐藏网格，选择调板上的网格工具可以移动、旋转、缩放选定的网格。

3. 3D 材质

在"3D"调板中单击"滤镜：材质"按钮 ，将调板切换至"3D（材质）"调板，如图 10 - 60 所示。

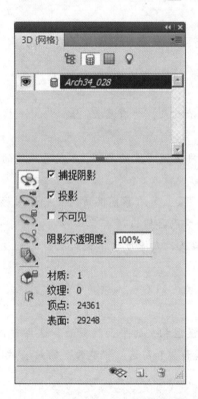

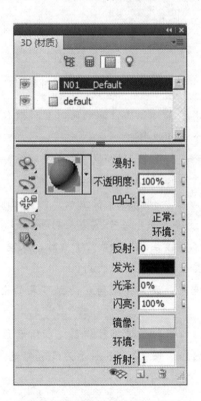

图 10 - 59　"3D（网格）"调板　　　　图 10 - 60　"3D（材质）"调板

"3D（材质）"调板的顶部列出了 3D 模型上当前使用的材质，用户可以使用一种或多种材质来创建模型的整体外观。如果模型包含多个网格，则每个网格都可能会有与之关联的特定材质，或者模型可能是通过一个网格构建的，但在模型的不同区域使用了不同的材质。

（1）材质拾色器："3D"调板中会出现当前所需要使用的 3D 材质，用户也可以单击"材质拾色器"按钮 ，弹出如图 10 - 61 所示的"材质拾色器"面板来选择要使用的材质，图 10 - 62 为不同材质呈现的效果。

图 10-61　"材质拾色器"面板

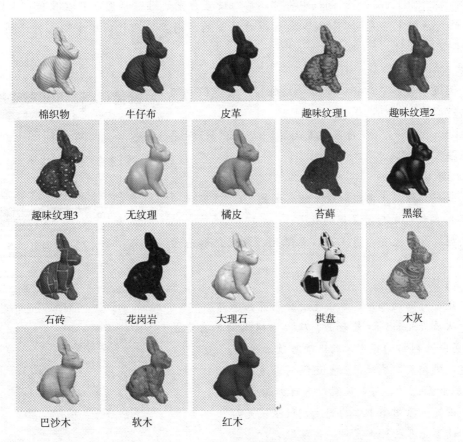

棉织物	牛仔布	皮革	趣味纹理1	趣味纹理2
趣味纹理3	无纹理	橘皮	苔藓	黑缎
石砖	花岗岩	大理石	棋盘	木灰
巴沙木	软木	红木		

图 10-62　不同材质呈现的效果

（2）漫射：材质的颜色，漫射映射可以是实色或任意 2D 内容。如果选择移去漫射纹理映射，则"漫射"色板值会设置漫射颜色，还可以通过直接在模型上绘画来创建漫射映射。

（3）不透明度：增加或减少材质的不透明度。纹理映射的灰度值控制材质的不透明度，白色值创建完全的不透明度，黑色值创建完全的透明度。

（4）凹凸：在材质表面创建的凹凸，无须改变底层网格，凹凸映射是一种灰度图像，其中较亮的值创建突出的表面区域，较暗的值创建平坦的表面区域。可以创建或载入凹凸映射文件，或开始在模型上绘画以自动创建凹凸映射文件。

（5）正常：像凹凸映射纹理一样，正常映射会增加表面细节，与基于单通道灰度图像的凹凸纹理映射不同，正常映射基于多通道（RGB）图像，每个颜色通道的值代表模型表面上正常映射的X、Y和Z分量，正常映射可使多边形网格的表面变平滑。

（6）反射：增加3D场景、环境映射和材质表面上其他对象的反射。

（7）光照：定义不依赖于光照即可显示的颜色，创建从内部照亮3D对象的效果。

（8）光泽：定义来自光源的光线经表面反射，折回到人眼中的光线数量。可以通过在文本框中输入值来调整光泽度。如果创建单独的光泽度映射，则映射中的颜色强度控制材质中的光泽度。一般黑色区域创建完全的光泽度，白色区域移去所有光泽度，而中间值减少高光大小。

（9）闪亮：定义"光泽"设置所产生的反射光的散射。低反光度产生更明显的光照，而焦点不足；高反光度产生较不明显、更亮、更耀眼的高光。

（10）镜像：为镜面属性显示颜色。

（11）环境：设置在反射表面上可见的环境光的颜色，该颜色与用于整个场景的全局环境色相互作用。

（12）折射：在"3D（场景）"调板中将"品质"设置为光线跟踪草图，且在执行"3D"→"渲染设置"命令弹出的对话框中勾选了"折射"复选框时设置的折射率。两种折线率不同的介质相交时，光线方向发生改变即产生折射。

4.3D 光源

在"3D"调板中单击"滤镜：光源"按钮，将调板切换至"3D（光源）"调板，如图10-63所示。

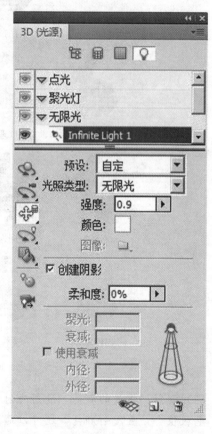

图10-63　"3D（光源）"调板

在Photoshop中可以为3D对象设置光源，从而使3D对象呈现不同的视觉画面效果。

（1）调整光源属性。

● 预设：应用存储的光源组和设置组。如图10-64所示为3D对象添加不同预设灯光后所呈现的效果。

● 光照类型：选择光源，有点光、无限光、聚光灯和基于图像4种光源。

● 强度：调整亮度。

● 颜色：定义光源的颜色，单击色块会打开拾色器。

● 图像：从前景表面到背景表面、从单一网格到其自身或从一个网格到另一个网格的投影，此选项可改善性能。

● 柔和度：模糊阴影边缘，产生逐渐的衰减。

对于点光源和聚光灯，可以设置以下附加选项。

● 聚光：设置光源明亮中心的宽度，仅限聚光灯。

● 衰减：设置光源的外部宽度，仅限聚光灯。

● 使用衰减：其下面"内径"和"外径"选项的值决定衰减锥形，以及光源强度随对象距离的增加而减弱的速度。对象接近内径限制时，光源强度最大，对象接近外径限制时，光源强度为零，处于中间距离时，光源从最大强度线性衰减为零。

另外，当将光标悬停在"聚光""衰减""内径"和"外径"选项上时，其右侧图标中的红色轮廓指示用户受影响的光源元素是哪些。

蓝光	CAD优化	冷光	晨曦	日光
默认光	火焰	强光	翠绿	狂欢节
夜光	原色	忧郁紫色	红光	白光

图 10 - 64　添加预设灯光后呈现的效果

（2）调整光源位置。在 Photoshop 中，每一个光源都可以被移动、旋转，要完成光源位置的调整操作，可以使用 3D 调板上的工具进行调整。

● "3D 光源旋转工具" ：用于旋转聚光灯和无限光。

● "3D 光源平移工具" ：用于将聚光灯或点光源移动至同一 3D 平面中的其他位置。

● "3D 光源滑动工具" ：用于将聚光灯和点光源移远或移近。

● "位于原点处的点光" ：选择某一聚光灯后单击此按钮，可以使光源正对 3D 对象中心。

● "移至当前视图" ：选择某一光源后单击此按钮，可以将其置身于当前视图的中间。

（3）编辑光源组。要想存储光源组供以后使用，只须将这些光源组存储为预设即可。要想包含其他项目中的预设，只须添加到现有光源或替换现有光源。

● 添加光源：对于现有光源，添加选择的光源预设。

● 替换光源：用选择的预设替换现有光源。

● 存储光源预设：将当前光源组存储为预设，这样可以重新载入。

二、创建和编辑 3D 对象的纹理

在 Photoshop 中，可以使用绘画工具和调整工具来编辑 3D 对象中包含的纹理，或创建新纹理。纹理作为 2D 文件与 3D 模型一起导入。它们会作为条目显示在 "图层" 调板中，嵌套于 3D 图层的下方，并按映射、凹凸、光泽度等映射类型编组，如图 10 - 65 所示。

1. 编辑 2D 格式的纹理

双击 "图层" 调板中的纹理或者在 "3D（材质）" 调板中，选择包含纹理的材质，在 "3D（材质）" 调板中，单击要编辑的纹理图标 ，在弹出的菜单中选择 "打开纹理" 命令，打开纹理，如图 10 - 66 所示。使用 Photoshop 中任意工具在纹理上绘画或编辑纹理，激活包含 3D 模型的窗口，可以看到应用于模型的已经修改的纹理。关闭纹理文件并保存更改。

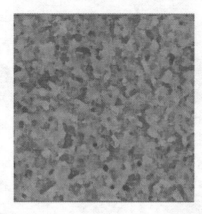

图 10-65 "图层"调板

图 10-66 纹理文件及"图层"调板

2. 显示或隐藏纹理

单击"纹理"图层左侧的眼睛图标，用户可以显示或隐藏纹理以帮助识别应用了纹理的模型区域。单击顶层"纹理"图层左侧的眼睛图标，可以隐藏或显示所有纹理。如图 10-67 所示为显示纹理和隐藏纹理的效果对比。

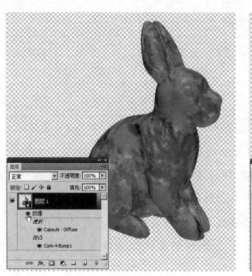

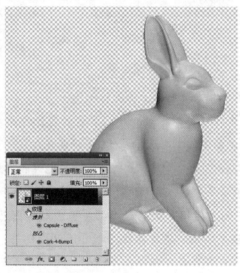

图 10-67 显示（左）和隐藏（右）纹理效果对比

3. 创建 UV 叠加

将 3D 模型上多种材质所使用的漫射纹理文件应用于模型上的不同表面的多个内容区域进行编组的过程叫作 UV 映射，它将 2D 纹理映射中的坐标与 3D 模型上特定的坐标相匹配。UV 映射使 2D 纹理正确地绘制在 3D 模型上。对于在 Photoshop 以外创建的 3D 内容，UV 映射发生在创建内容的程序中。同时，Photoshop 可以将 UV 叠加创建为参考线，以帮助用户直观地了解 2D 纹理映射如何与 3D 模型表面匹配。在编辑纹理时，UV 叠加可作为参考线。

双击"图层"调板中的纹理可以将其打开并编辑。打开纹理映射，执行"3D"→"创建 UV 叠加"命令，在其级联菜单中选择叠加选项即可创建不同的 UV 叠加。图 10-68 所示为不同 UV 叠加后的效果。

（1）线框：显示 UV 映射的边缘数据。

（2）着色：显示使用实色渲染模式的模型区域。

（3）正常映射：显示转换为 RGB 值的几何常值，R＝X，G＝Y，B＝Z。

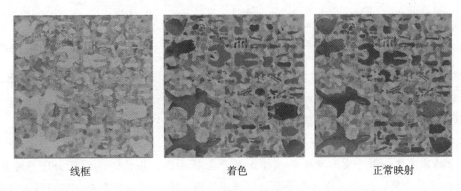

| 线框 | 着色 | 正常映射 |

图 10-68 UV 叠加后效果

UV 叠加作为附加图层添加到纹理文件的"图层"调板中，可以显示、隐藏、移动或删除。关闭并存储纹理文件时，或从纹理文件切换到关联的 3D 图层时，叠加会出现在模型表面。

4. 重新参数化纹理映射

在 Photoshop 中打开 3D 对象时，可能会发现有的纹理没有正确映射到底层模型网格的 3D 模型上，或者效果差的纹理映射会在模型的表面上产生扭曲和变形。另外，当在模型上绘画时，效果差的纹理映射会造成不可预料的结果。针对上述情况，需要使用"重新参数化"命令将纹理重新映射到模型，以校正扭曲和变形并创建更有效的表面覆盖。

执行"3D"→"重新参数化"命令，在弹出的如图 10-69 所示的警告对话框中单击"确定"按钮。

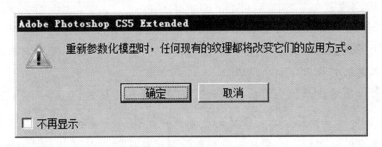

图 10-69 警告对话框

然后再在打开的如图 10-70 所示的提示框中单击"低扭曲度"按钮或者"较少接缝"按钮以确定重新参数化纹理映射的方式。

图 10-70 提示对话框

（项目小结）

本项目主要介绍了通过"帽形"命令创建 3D 形状，通过"3D（材质）"调板设置相应的材质，以及应用"载入纹理"命令载入指定的纹理，从而得到所需的图像效果，最后介绍了纹理的编辑操作，以达到更理想的图像效果。

 知识拓展

一、通道的编辑

对图像的编辑过程实质上就是对通道的编辑操作。因为通道是真正记录图像信息的地方，色彩的改变、选区的增减、渐变的产生，实际上都是通道的变化。通道可以看作其他工具的起源，它与其他很多工具（譬如选区、蒙版、调节工具等）有着千丝万缕的联系。

1. 利用选区编辑通道

Photoshop 中的选区包括由套索和魔棒等选择工具产生的选区、字体遮罩以及由路径转换来的选区等，其中包括不同羽化值的设置，这些选区只需要执行"选择"→"载入选区"命令就可以转入通道进行处理。

2. 利用绘图工具编辑通道

绘图工具包括喷枪、画笔、铅笔、图章、橡皮擦、渐变、油漆桶、模糊、锐化、涂抹、加深减淡以及海绵等工具。利用绘图工具编辑通道的优点是可以精确地控制笔触，进而得到更加柔和、足够复杂的边缘。

【贴心提示】　渐变工具是一种一次可以涂画多种颜色而且包含平滑过渡的绘画工具，因此，对于通道特别有用，它可以带来平滑细腻的渐变。

3. 利用滤镜编辑通道

在图像存在不同灰度的情况下对通道进行滤镜操作，通常会出现出乎意料的效果并能很好地控制图像边缘。譬如，可以锐化或者虚化边缘，从而建立更适合的选区。

4. 利用调节工具编辑通道

调节工具指色阶和曲线。在使用这些工具调节图像时，在对话框上有一个通道选单可以用于编辑所要的颜色通道。当选中并调整通道时，按住 shift 键，再单击另一个通道，然后打开图像的复合通道，这样可以强制这些调节工具同时作用于一个通道。

在编辑通道时，可以通过建立调节图层来保护图像的最原始的信息。

【贴心提示】　单纯的通道操作是不可能对图像本身产生任何效果的，必须同其他工具（譬如选区和蒙版，其中蒙版是最重要的）相结合，才能知道制作的通道在图像中起到什么样的作用。

二、存储和导出 3D 文件

在 Photoshop 中编辑 3D 对象时，用户可以将 3D 图层合并、栅格化 3D 图层、与 2D 图层合并、导出 3D 图层。

1. 导出 3D 图层

执行"3D"→"导出 3D 图层"命令，弹出"存储为"对话框，在"格式"栏中用户可以将 3D 图层导出 Collada DAE、Wavefront | OBJ、U3D 或 Google Earth4 KMZ 中的任一格式。

2. 合并 3D 图层

执行"3D"→"合并 3D 图层"命令，可以合并一个场景中的多个模型，合并后可以单独编辑每个模型，也可以在多个模型上使用对象工具或相机工具进行编辑操作。

3. 存储 3D 文件

执行"3D"→"存储"命令，可以保存 3D 模型的位置、光源、渲染模式和横截面，保存的文件可以选择以 PSD、PSB、TIFF 或 PDF 格式存储。

4. 合并 3D 与 2D 图层

在 Photoshop 的 3D 功能中，可以将 3D 图层与一个或多个 2D 图层合并，在 2D 文件和 3D 文件都打开的情况下，可将 2D 图层或 3D 图层从一个文件拖动到打开的其他文件的文档窗口中。

5. 栅格化 3D 图层

执行"3D"→"栅格化"命令，可以将 3D 图层栅格化，将其转换为普通图层，如图 10-71 所示。

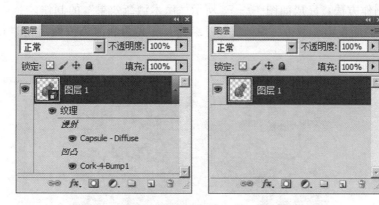

图 10-71   3D 图层栅格化前（左）后（右）对比

单元小结

● 了解通道的功能及分类。
● 掌握通道调板的操作。
● 掌握通道的操作。
● 掌握通道与选区的转换方法。
● 了解 3D 对象的基本概念。
● 掌握 3D 工具的使用。
● 掌握 3D 对象的创建。
● 掌握载入纹理及编辑纹理的方法。
● 掌握 3D 调板的使用。

实训练习

1. 参照项目 1 的制作方法，完成如图 10-72 所示的"水中的新娘"的婚纱抠图练习。

图 10-72   "水中的新娘"效果

2. 使用 Photoshop 制作一张简单的添加了三维文字效果的 3D 明信片。

操作提示：①使用"从图层新建 3D 明信片"命令。②使用"凸纹"命令创建三维文字。

3. 仿照项目 4 的制作方法，完成如图 10 - 73 所示"魔术酒瓶效果"的制作。

操作提示：①绘制酒瓶模型，载入"纹理 2"并编辑。②光照和渲染酒瓶后与素材"练习背景.psd"合并。

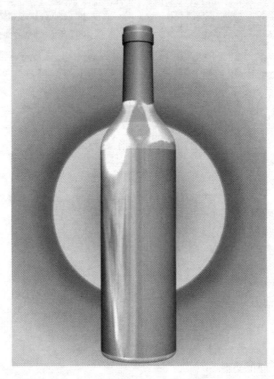

图 10 - 73   魔术酒瓶效果